职业院校工学结合特色教材



# CAD/CAM 数控铣削加工技术

主　编　杨　雨
副主编　李　林　廖和勇　黄　亮

西南交通大学出版社
·成　都·

## 内容简介

本教材以 CAXA 制造工程师（2016）软件为例，介绍了 CAD/CAM 软件造型和自动编程方法。具体内容包括：数控铣削零件实体造型、FANUC 0iM 数控铣床的基本操作、数控铣削加工工艺分析、平面类零件铣削加工、槽类零件铣削加工、简单轮廓铣削加工。

本教材将数控加工中的常见零件进行分类，并对每种类型的零件以任务的形式进行分析和讲解，结合软件，配合图例，步骤详细，通俗易懂，很容易被初学者掌握，适合中等职业学校学生和其他初次接触此类软件的初学者学习参考。


图书在版编目（CIP）数据

CAD/CAM 数控铣削加工技术 / 杨雨主编. —成都：西南交通大学出版社，2022.1
ISBN 978-7-5643-8533-0

Ⅰ. ①C… Ⅱ. ①杨… Ⅲ. ①数控机床－铣削－计算机辅助设计－应用软件－中等专业学校－教材 Ⅳ. ①TG547-39

中国版本图书馆 CIP 数据核字（2021）第 278742 号

CAD/CAM Shukong Xixiao Jiagong Jishu
**CAD/CAM 数控铣削加工技术**

主编 杨雨

责任编辑 张华敏
特邀编辑 杨开春 陈正余
封面设计 GT 工作室

印张：7.25 字数：180 千
成品尺寸：185 mm × 260 mm
版次：2022 年 1 月第 1 版
印次：2022 年 1 月第 1 次
印刷：四川煤田地质制图印刷厂
书号：ISBN 978-7-5643-8533-0

出版发行：西南交通大学出版社
网址：http://www.xnjdcbs.com
地址：四川省成都市金牛区二环路北一段 111 号
西南交通大学创新大厦 21 楼
邮政编码：610031
发行部电话：028-87600564 028-87600533
定价：29.00 元

课件咨询电话：028-81435775

# 前　言

随着工业技术的发展，数控铣削加工工艺越来越多地采用自动化加工技术，CAD/CAM软件的运用越来越频繁，目前各地数控技能大赛均采用CAD/CAM自动编程方式。为了贯彻“工作过程系统化”的职业教育教学思想，我们从岗位需求和学生的实际情况出发，依据教育部《中等职业学校数控技术应用专业教学标准》，并参照相关行业的职业技能鉴定规范及技术工人等级考核标准，结合中等职业学校特点，特地编写了这本教材。

本教材以CAXA制造工程师（2016）软件为例，介绍了CAD/CAM软件造型和自动编程方法。书中将数控加工中的常见零件进行分类，并对每种类型的零件以任务的形式进行分析和讲解，结合软件，配合图例，步骤详细，通俗易懂，很容易被初学者掌握，适合中等职业学校学生和其他初次接触此类软件的初学者学习参考。

本教材以数控企业中典型的工作过程为导向和教学主线，按照这种教学主线，学生可以在工作过程中学习，在学习中完成工作任务，并在这个过程中养成良好的工作习惯和职业素养。

本教材由四川铁道职业学院杨雨主编，李林、廖和勇、黄亮任副主编。具体编写分工为：杨雨编写第一、第六章，李林编写第三、第四章，廖和勇编写第二、第五章。全书由黄亮统稿。

本书可作为职业院校数控技术应用专业学生的教材，也可作为数控车工及相关工种的培训用书，还可供相关工程技术人员参考。

由于编者水平所限，书中错漏之处在所难免，恳请广大读者，特别是从事数控车床编程和加工人员提出宝贵的意见和建议，以使本书能够不断完善和适应本专业的发展需要。

编　者

2021年10月

# 目　录

# 第一章　数控铣削零件实体造型

## 第一节　CAXA 制造工程师软件简介

### 一、自动编程

当零件形状比较简单时，可以采用手工编程进行加工程序的编制。但是，随着零件复杂程度的增加，数学计算量、程序段数目也将大大增加，这时如果单纯依靠手工编程将极其困难，甚至是不可能完成的。于是人们发明了一种软件系统，它可以代替人来完成数控加工程序的编制，这就是自动编程。

自动编程的特点是编程工作主要由计算机完成。在自动编程方式下，编程人员只需采用某种方式输入工件的几何信息以及工艺信息，计算机就可以自动完成数据处理、编写零件加工程序、制作程序信息载体以及程序检验的工作而无须人工的参与。在目前的技术水平下，分析零件图纸以及工艺处理仍然需要人工来完成，但随着技术的进步，将来的数控自动编程系统将从只能处理几何参数发展到能够处理工艺参数，即按照加工的材料、零件几何尺寸、公差等原始条件，自动选择刀具、决定工序和切削用量等数控加工中的全部信息。

随着微电子技术和 CAD 技术的发展，自动编程系统也逐渐过渡到以图形交互为基础的与 CAD 集成的 CAD/CAM 系统为主的编程方法。与以前的语言型自动编程系统相比，CAD/CAM 集成系统可以提供单一准确的产品几何模型，几何模型的产生和处理手段灵活、多样、方便，可以实现设计、制造一体化。虽然数控编程的方式多种多样，毋庸置疑，目前占主导地位的是采用 CAD/CAM 数控编程系统进行编程。

CAXA 制造工程师（2016）是一款在 Windows 环境下运行 CAD/CAM 一体化的国产数控加工编程软件。软件集成了数据接口、几何造型、加工轨迹生成、加工过程仿真检验、数控加工代码生成、加工工艺单生成等一整套面向复杂零件和模具的数控编程功能。

### 二、软件功能介绍

#### （一）方便的特征实体造型

采用精确的特征实体造型技术，可将设计信息用特征术语来描述，简便而准确。通常的特征包括孔、槽、型腔、凸台、圆柱体、圆锥体、球体、管子等，CAXA 制造工程师可以方便地建立和管理这些特征信息。

先进的“精确特征实体造型”技术完全抛弃了传统的体素拼合和交并差的繁琐方式，使整个设计过程直观而简单。

实体模型的生成可以采用增料方式，通过拉伸、旋转、导动、放样或加厚曲面来实现，也可以通过减料方式，从实体中减掉实体或用曲面裁剪来实现，还可以用等半径过渡、变半径过渡、倒角、打孔、增加拔模斜度和抽壳等高级特征功能来实现。

CAXA 制造工程师软件（2016）继承和发展了以前版本的曲面造型功能，从线框到曲面，提供了丰富的建模手段；可通过列表数据、数学模型、字体文件及各种测量数据生成样条曲线；通过扫描、放样、拉伸、导动、等距、边界网格等多种形式生成复杂曲面，并可对曲面进行任意裁剪、过渡、拉伸、缝合、拼接、相交、变形等，建立任意复杂的零件模型；通过曲面模型生成的真实感图，可直观显示设计结果。

基于实体的“精确特征造型”技术，使曲面融合进实体中，形成统一的曲面实体复合造型模式。利用这一模式，可实现曲面裁剪实体、曲面生成实体、曲面约束实体等混合操作，是用户设计产品和模具的有效工具。

### （二）优质高效的数控加工

CAXA 制造工程师软件（2016）快速高效的加工功能涵盖了从两轴到五轴的数控铣床功能，将 CAD 模型与 CAM 加工技术无缝集成，可直接对曲面、实体模型进行一致的加工操作；支持先进实用的轨迹参数化和批处理功能，明显提高工作效率；支持高速切削，大幅度提高了加工效率和加工质量；通用的后置处理可向任何数控系统输出加工代码。

两轴到两轴半加工方式：可直接利用零件的轮廓曲线生成加工轨迹指令，而无须建立其三维模型；提供轮廓加工和区域加工功能，加工区域内允许有任意形状和数量的岛，可分别指定加工轮廓和岛的拔模斜度，自动进行分层加工。

三轴加工方式：多样化的加工方式可以安排从粗加工、半精加工到精加工的加工工艺路线。

支持高速加工：支持高速切削工艺，提高产品精度，降低代码数量，使加工质量和效率大大提高。

参数化轨迹编辑和轨迹批处理：CAXA 制造工程师软件（2016）的“轨迹再生成”功能可实现参数化轨迹编辑。用户只需选中已有的数控加工轨迹，修改原定义的加工参数表即可重新生成加工轨迹。CAXA 制造工程师软件（2016）可以先定义加工轨迹参数，而不立即生成轨迹。工艺设计人员可先将大批加工轨迹参数事先定义而在某一集中时间批量生成，这样合理地优化了工作时间。

加工工艺控制：CAXA 制造工程师软件（2016）提供了丰富的工艺控制参数，可以方便地控制加工过程，使编程人员的经验得到充分的体现。

加工轨迹仿真：CAXA 制造工程师软件（2016）提供了轨迹仿真手段以检验数控代码的正确性。可以通过实体真实感仿真如实地模拟加工过程，展示加工零件的任意截面，显示加工轨迹（见图 1-1）。

通用后置处理：CAXA 制造工程师软件（2016）提供的后置处理器，无须生成中间文件就可以直接输出 G 代码控制指令。系统不仅可以提供常见数控系统的后置格式，用户还可以定义专用数控系统的后置处理格式。

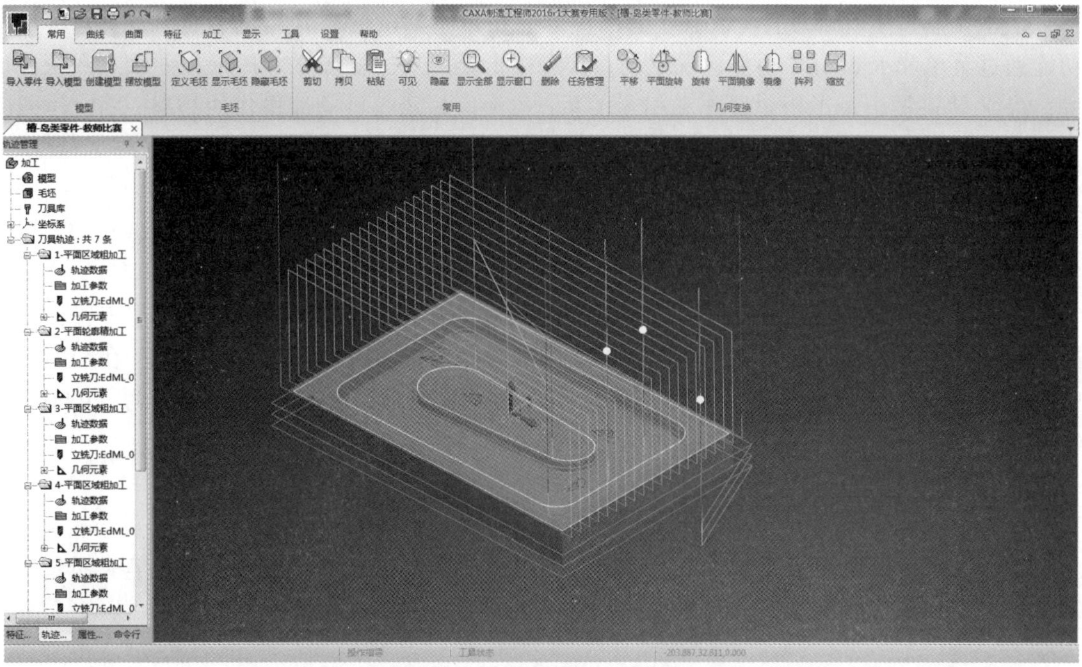


图 1-1　自动生成的加工轨迹

## 三、软件界面介绍

用户界面（简称界面，见图 1-2）是交互式 CAD/CAM 软件与用户进行信息交流的中介。系统通过界面反映当前信息状态将要执行的操作，用户按照界面提供的信息做出判断，并经由输入设备进行下一步的操作。

图 1-2　CAXA 制造工程师（2016）的操作界面

CAXA 制造工程师软件（2016）的用户界面和其他 Windows 风格的软件一样，各种应用功能通过菜单和 Ribbon（功能区）驱动；状态栏指导用户进行操作并提示当前状态和所处位置；特征/轨迹树记录了历史操作和相互关系；绘图区显示各种功能操作的结果，同时绘图区和特征/轨迹树为用户提供了数据的交互的功能；功能区中的每一个按钮都对应一个菜单命令，单击按钮和单击菜单命令功能是完全一样的。

### （一）绘图区

绘图区是用户进行绘图设计的工作区域，如图 1-2 所示的空白区域。它们位于屏幕的中心，并占据了屏幕的大部分面积。广阔的绘图区为显示全图提供了清晰的空间。在绘图区的中央设置了一个三维直角坐标系，该坐标系称为世界坐标系。它的坐标原点为（0.0000，0.0000，0.0000）。用户在操作过程中的所有坐标均以此坐标系的原点为基准。

### （二）主菜单

单击主菜单按钮，在界面最左上方弹出主菜单，单击主菜单中的每一个菜单项都会弹出其子菜单。主菜单与子菜单构成了右拉式菜单，如图 1-3 所示。

图 1-3　主菜单

主菜单包括文件、编辑、显示、造型、加工、通信、工具、设置和帮助。每个部分都含有若干个子菜单。

单击主菜单中的“造型”，指向下拉菜单中的“曲线生成”，然后单击其子菜单中的“直线”，界面左侧会弹出一个“立即”菜单，并在状态栏显示相应的操作提示和执行命令状态。对于除“立即”菜单和“工具点”菜单以外的其他菜单来说，某些菜单选项要求用户以对话的形式予以回答。用鼠标单击这些菜单时，系统会弹出一个对话框，用户可根据当前操作做出响应。

### （三）“立即”菜单

“立即”菜单描述了该项命令执行的各种情况和使用条件。用户根据当前的作图要求，正确地选择某一选项，即可得到准确的响应。

在“立即”菜单中，用鼠标选取其中的某一项（例如“两点线”），便会在下方出现一个选项菜单或者改变该项的内容。

### （四）快捷菜单

光标处于不同的位置，按鼠标右键会弹出不同的快捷菜单。熟练使用快捷菜单，可以提高绘图速度。

如将光标移到特征树中 XY、YZ、ZX 三个基准平面上，按右键，弹出快捷菜单如图 1-4 所示。

将光标移到特征树的草图处、特征树中的特征处、绘图区中的实体处等均可得到不同的快捷菜单。在非草图状态和草图状态下拾取草图曲线，按右键弹出的快捷菜单也不一样。

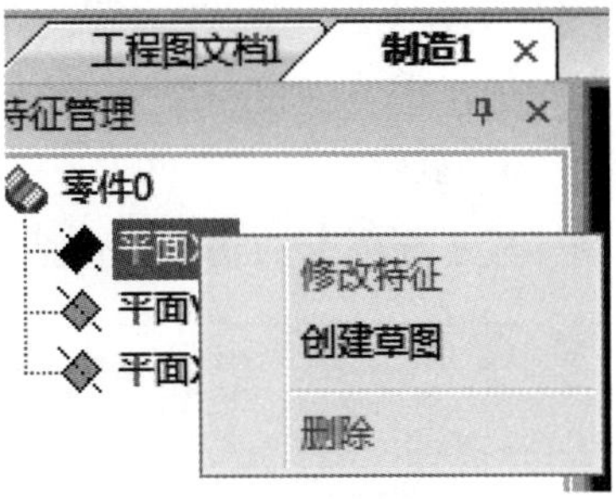


图 1-4　快捷菜单

### （五）选项卡和功能区

界面上的选项卡包括：常用、曲线、曲面、特征、显示、工具、设置和帮助。单击每一个选项卡，都可以打开其对应的功能区查找相应的命令。

#### 1. 常用

常用选项卡的功能区包含了一些使用频率非常高的命令，如下所示：

#### 2. 曲线

曲线选项卡的功能区包含了“直线”“圆弧”“公式曲线”等丰富的曲线绘制命令，如下所示：

#### 3. 曲面

曲面选项卡的功能区包含了“直纹面”“旋转面”“扫描面”等曲面生成命令，如下所示：

#### 4. 特征

特征选项卡的功能区包括“拉伸增料”“拉伸除料”“过渡”“倒角”等操作，如下所示：

## 5. 加工

加工选项卡的功能区包括二轴、三轴、四轴、五轴、孔及图像加工等命令，如下所示：

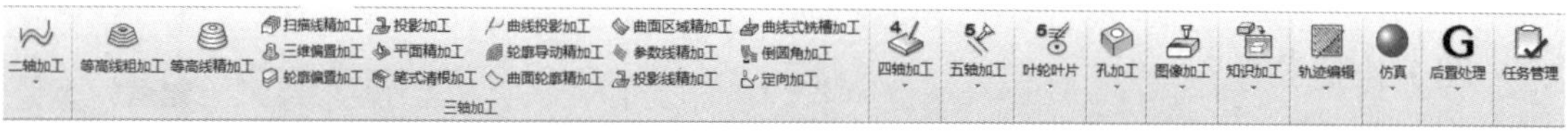


## 6. 显示

显示选项卡的功能区包括“缩放”“移动”“视向定位”等命令，如下所示：

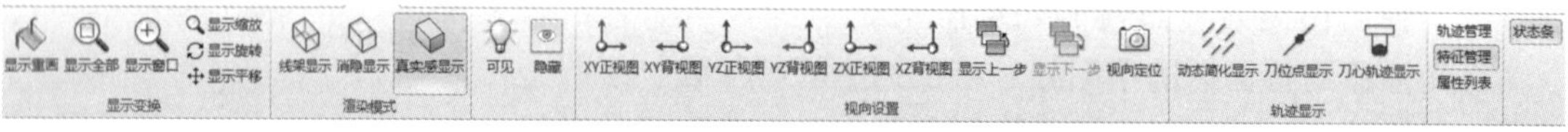


## 7. 工具

工具选项卡的功能区包括“创建坐标系”“距离”“长度”查询等命令，如下所示：

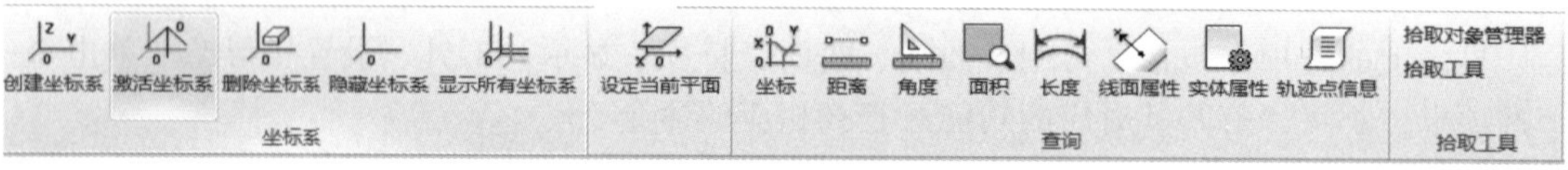


## 8. 设置

设置选项卡的功能区包括“当前颜色”“层设置”“材质设置”“系统设置”等命令，如下所示：

## 9. 帮助

帮助选项卡的功能区包括“帮助文档”“关于”命令。

## 10. 特征树

特征树记录了零件生成的操作步骤，用户可以直接在特征树中对零件特征进行编辑。

## 11. 轨迹树

轨迹树记录了生成刀具轨迹的刀具、几何参数等信息，用户可以在轨迹树上编辑刀具轨迹。

### （六）点工具菜单

工具点就是在操作过程中具有几何特征的点，如圆心点、切点、端点等。

点工具菜单就是用来捕捉工具点的菜单。用户进入操作命令，需要输入特征点时，在功能区处或者按下空格键，即在屏幕上弹出点工具菜单，如图 1-5 所示。

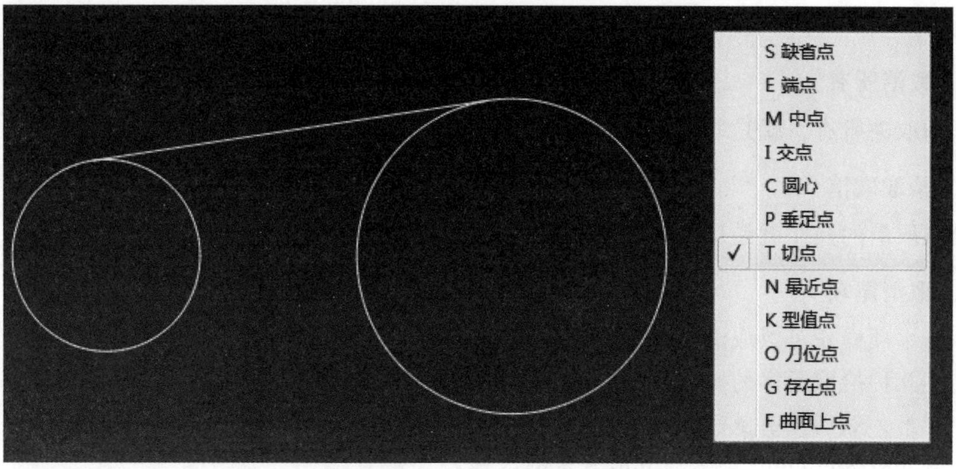


**图 1-5　点工具菜单**

缺省点（S）：屏幕上的任意位置点。
端点（E）：曲线的端点。
中点（M）：曲线的中点。
交点（I）：两曲线的交点。
圆心（C）：圆或圆弧的圆心。
切点（T）：曲线的切点。
垂足点（P）：曲线的垂足点。
最近点（N）：曲线上距离捕捉光标最近的点。
型值点（K）：样条特征点。
刀位点（O）：刀具轨迹上的点。
存在点（G）：用曲线生成中的点工具生成的点。

### （七）矢量工具

矢量工具主要是用来选择方向，在曲面生成时经常要用到。

### （八）选择集拾取工具

拾取图形元素（点线面）的目的就是根据作图的需要在已经完成的图形中，选取作图所需的一个或几个元素。选择集拾取工具就是用来方便地拾取需要的元素的工具。

已选中的元素集合，称为选择集。当交互操作处于拾取状态（工具菜单提示出现“添加状态”或“移出状态”）时，用户可通过选择集拾取工具菜单来改变拾取的特征。

#### 1. 拾取所有

拾取所有就是拾取画面上的所有元素。但系统规定，在所有被拾取的元素中不应含有拾取设置中被过滤掉的元素或被关闭图层中的元素。

#### 2. 拾取添加

指定系统为拾取添加状态，此后拾取到的元素将放到选择集中。（拾取操作有两种状态：

"添加状态"和"移出状态")

### 3. 取消所有

所谓取消所有，就是取消所有被拾取到的元素。

### 4. 拾取取消

拾取取消的操作就是从拾取到的元素中取消某些元素。

### 5. 取消尾项

执行本项操作可以取消最后拾取到的元素。

上述几种拾取元素的操作都是通过鼠标来完成的，也就是说，通过移动鼠标对准待选择的某个元素，然后按下鼠标左键，即可完成拾取的操作。被拾取的元素呈拾取加亮颜色的显示状态（缺省为红色），以示与其他元素的区别。

# 第二节　实体造型

## 一、拉伸增料

将一个轮廓曲线根据指定的距离做拉伸操作，用以生成一个增加材料的特征。

（1）单击"造型"，指向"特征生成"，再指向"增料"，单击"拉伸"，或者直接单击按钮，弹出"拉伸增料"对话框，如图 1-6 所示。

图 1-6　"拉伸增料"对话框

（2）选取拉伸类型，填入深度，拾取草图，单击"确定"完成操作。拉伸类型包括"固定深度""双向拉伸"和"拉伸到面"。

参数：

固定深度：是指按照给定的深度数值进行单向的拉伸。

深度：是指拉伸的尺寸值，可以直接输入所需数值，也可以点击按钮来调节。

拉伸对象：是指对需要拉伸的草图的选取。

反向拉伸：是指向与默认方向相反的方向进行拉伸。

增加拔模斜度：是指使拉伸的实体带有锥度。

角度：是指拔模时母线与中心线的夹角。

向外拔模：是指与默认方向相反的方向进行操作。

双向拉伸：是指以草图为中心，向相反的两个方向进行拉伸，深度值以草图为中心平分。

拉伸到面：是指拉伸位置以曲面为结束点进行拉伸，需要选择要拉伸的草图和拉伸到的曲面。

注意：

（1）在进行“双面拉伸”时，拔模斜度可用。

（2）在进行“拉伸到面”时，要使草图能够完全投影到这个面上，如果面的范围比草图小，会产生操作失败。

（3）在进行“拉伸到面”时，深度和反向拉伸不可用。

（4）在进行“拉伸到面”时，可以给定拔模斜度。

（5）草图中隐藏的线不能参与特征拉伸。

## 二、拉伸除料

将一个轮廓曲线根据指定的距离做拉伸操作，用以生成一个减去材料的特征。

（1）单击“造型”，指向“特征生成”，再指向“除料”，单击“拉伸”，或者直接单击按钮，弹出“拉伸除料”对话框，如图 1-7 所示。

（2）选取拉伸类型，填入深度，拾取草图，单击“确定”完成操作。拉伸类型包括“固定深度”“双向拉伸”“拉伸到面”和“贯穿”。

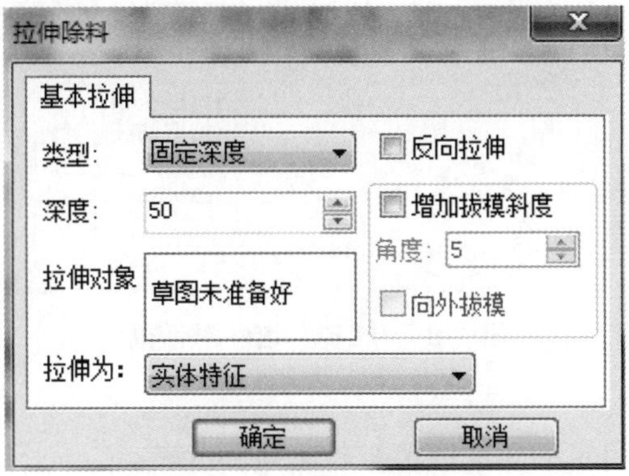


**图 1-7　拉伸除料对话框**

参数：

固定深度：是指按照给定的深度数值进行单向的拉伸。

深度：是指拉伸的尺寸值，可以直接输入所需数值，也可以点击按钮来调节。

拉伸对象：是指对需要拉伸的草图的选取。

反向拉伸：是指向与默认方向相反的方向进行拉伸。

增加拔模斜度：是指使拉伸的实体带有锥度。

角度：是指拔模时母线与中心线的夹角。

向外拔模：是指与默认方向相反的方向进行操作。

双向拉伸：是指以草图为中心，向相反的两个方向进行拉伸，深度值以草图为中心平分。

贯穿：是指草图拉伸后，将基体整个穿透。

拉伸到面：是指拉伸位置以曲面为结束点进行拉伸，需要选择要拉伸的草图和拉伸到的曲面，还可以实现薄壁特征的除料生成。

注意：

（1）在进行“双面拉伸”时，拔模斜度可用。

（2）在进行“拉伸到面”时，要使草图能够完全投影到这个面上，如果面的范围比草图小，会产生操作失败。

（3）在进行“拉伸到面”时，深度和反向拉伸不可用。

（4）在进行“贯穿”时，深度、反向拉伸和拔模斜度不可用。

## 三、旋转增料

通过围绕一条空间直线旋转一个或多个封闭轮廓，增加生成一个特征。

（1）单击“造型”，指向“特征生成”，再指向“增料”，单击“旋转”；或者直接单击按钮，弹出“旋转”特征对话框，如图 1-8 所示。

（2）选取旋转类型，填入角度，拾取草图和轴线，单击“确定”完成操作。旋转类型包括“单向旋转”“对称旋转”和“双向旋转”。

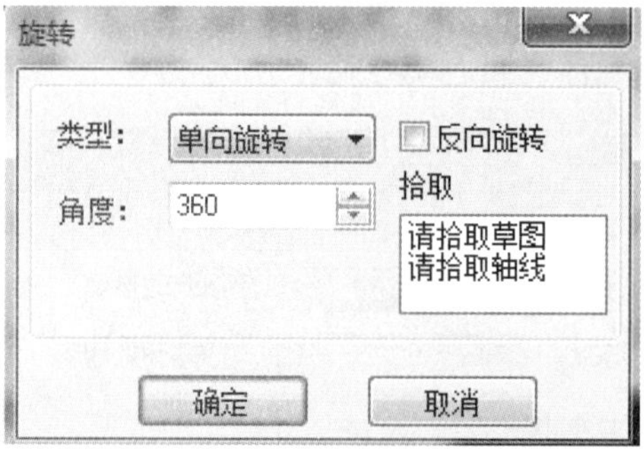


图 1-8　“旋转”增料对话框

参数：

单向旋转：是指按照给定的角度数值进行单向的旋转。

角度：是指旋转的尺寸值，可以直接输入所需数值，也可以点击按钮来调节。

反向旋转：是指向与默认方向相反的方向进行旋转。

拾取：是指对需要旋转的草图和轴线的选取。

对称旋转：是指以草图为中心，向相反的两个方向进行旋转，角度值以草图为中心平分。

双向旋转：是指以草图为起点，向两个方向进行旋转，角度值分别输入。

注意：轴线是空间曲线，需要退出草图状态后绘制。

## 四、旋转除料

通过围绕一条空间直线旋转一个或多个封闭轮廓，移除生成一个特征。

（1）单击“造型”，指向“特征生成”，再指向“除料”，单击“旋转”；或者直接单击按钮，弹出“旋转”除料对话框，如图 1-9 所示。

（2）选取旋转类型，填入角度，拾取草图和轴线，单击“确定”完成操作。旋转类型包括“单向旋转”“对称旋转”和“双向旋转”。

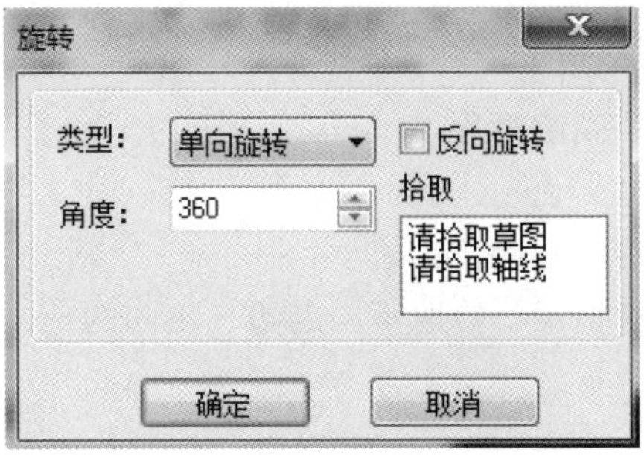


**图 1-9　“旋转”除料对话框**

参数：

单向旋转：是指按照给定的角度数值进行单向的旋转。

角度：是指旋转的尺寸值，可以直接输入所需数值，也可以点击按钮来调节。

反向旋转：是指与默认方向相反的方向进行旋转。

拾取：是指对需要旋转的草图和轴线的选取。

对称旋转：是指以草图为中心，向相反的两个方向进行旋转，角度值以草图为中心平分。

双向旋转：是指以草图为起点，向两个方向进行旋转，角度值分别输入。

注意：轴线是空间曲线，需要退出草图状态后绘制。

## 五、放样增料

根据多个截面线轮廓生成一个实体。截面线应为草图轮廓。

（1）单击“造型”，指向“特征生成”，再指向“增料”，单击“放样”，或者直接单击按钮，弹出“放样”对话框，如图 1-10 所示。

（2）选取轮廓线，单击“确定”完成操作。

参数：

轮廓：是指对需要放样的草图。

上和下：是指调节拾取草图的顺序。

注意：

（1）轮廓按照操作中的拾取顺序排列。

（2）拾取轮廓时，要注意状态栏指示，拾取不同的边，不同的位置，会产生不同的结果。

**图 1-10　“放样”增料对话框**

## 六、放样除料

根据多个截面线轮廓移出一个实体。截面线应为草图轮廓。

（1）单击“造型”，指向“特征生成”，再指向“除料”，单击“放样”；或者直接单击按钮，弹出“放样”除料对话框，如图 1-11 所示，放样除料和放样增料对话框是一样的。

（2）选取轮廓线，单击“确定”完成操作。

参数：

轮廓：是指对需要放样的草图。

上和下：是指调节拾取草图的顺序。

注意：

（1）轮廓按照操作中的拾取顺序排列。

（2）拾取轮廓时，要注意指示，拾取不同的边，不同的位置，会产生不同的结果。

图 1-11　“放样”除料对话框

## 七、导动增料

将某一截面曲线或轮廓线沿着另外一条轨迹线运动生成一个特征实体。截面线应为封闭的草图轮廓，截面线的运动形成了导动曲面。

（1）绘制完截面草图和导动曲线后，单击“造型”下拉菜单，指向“特征生成”，再指向“增料”，单击“导动”，或者直接单击按钮，系统会弹出相应的“导动”对话框，如图 1-12 所示。

（2）按照对话框中的提示“先拾取轨迹线，右键结束拾取”，先用鼠标左键点取导动线的起始线段，根据状态栏提示“确定链搜索方向”，单击鼠标左键确认拾取完成。

（3）选取截面相应的草图，在“选项控制”中选择适当的导动方式。

（4）单击“确定”完成实体造型。

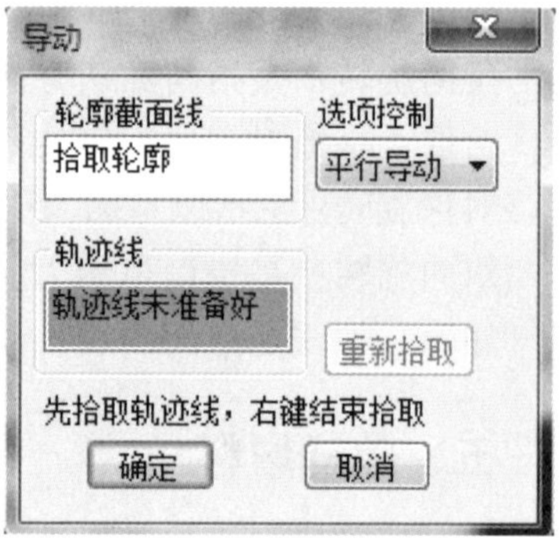


图 1-12　“导动”对话框

参数：

轮廓截面线：是指需要导动的草图，截面线应为封闭的草图轮廓。

轨迹线：是指草图导动所沿的路径。

选型控制中包括“平行导动”和“固接到动”两种方式。

平行导动：是指截面线沿导动线趋势始终平行地移动而生成的特征实体。

固接导动：是指在导动过程中，截面线和导动线保持固接关系，即让截面线平面与导动线的切矢方向保持相对角度不变，而且截面线在自身相对坐标系中的位置关系保持不变，截面线沿导动线变化的趋势导动生成特征实体。

导动反向：是指向与默认方向相反的方向进行导动。

注意：

（1）导动方向和导动线链搜索方向选择要正确。

（2）导动的起始点必须在截面草图平面上。

（3）导动线可以是多段曲线组成，但是曲线间必须是光滑过渡。

## 八、导动除料

将某一截面曲线或轮廓线沿着另外一条轨迹线运动移出一个特征实体。截面线应为封闭的草图轮廓，截面线的运动形成了导动曲面。

（1）单击“造型”，指向“特征生成”，再指向“除料”，单击“导动”；或者直接单击按钮，弹出“导动”对话框，如图 1-13 所示。

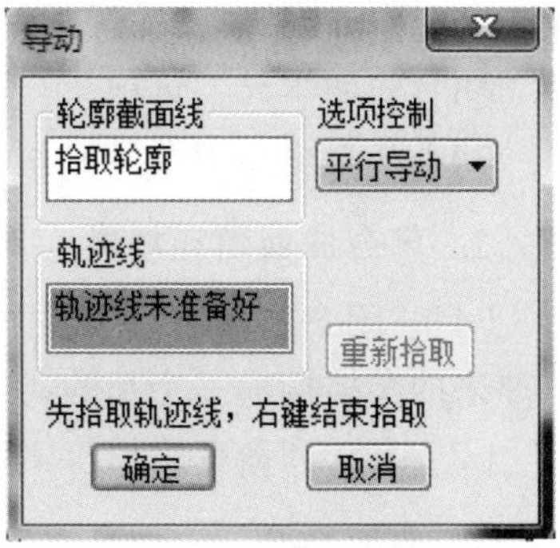


图 1-13　“导动”除料对话框

（2）选取轮廓截面线和轨迹线，具体方法与“导动增料”一致，最后单击“确定”完成操作。

参数：

轮廓截面线：是指需要导动的草图，截面线应为封闭的草图轮廓。

轨迹线：是指草图导动所沿的路径。

选型控制中包括“平行导动”和“固接到动”两种方式。

平行导动：是指截面线沿导动线趋势始终平行地移动而生成的特征实体。

固接导动：是指在导动过程中，截面线和导动线保持固接关系，即让截面线平面与导动线的切矢方向保持相对角度不变，而且截面线在自身相对坐标系中的位置关系保持不变，截面线沿导动线变化的趋势导动生成特征实体。

导动反向：是指向与默认方向相反的方向进行导动。

注意：

（1）导动方向和导动线链搜索方向选择要正确。

（2）导动的起始点必须在截面草图平面上。

## 九、曲面加厚增料

对指定的曲面按照给定的厚度和方向进行导动生成实体。

（1）单击“造型”，指向“特征生成”，再指向“增料”，单击“曲面加厚”；或者直接单击按钮，弹出“曲面加厚”对话框，如图 1-14 所示。

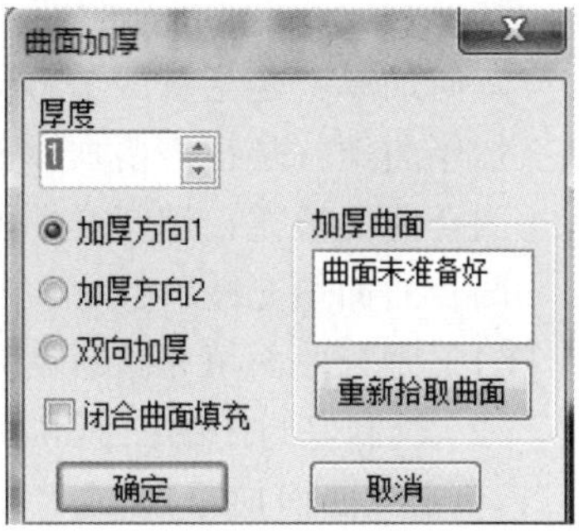


图 1-14　“曲面加厚”增料对话框

（2）填入厚度，确定加厚方向，拾取曲面，单击“确定”完成操作。

参数：

厚度：是指对曲面加厚的尺寸，可以直接输入所需数值，也可以点击按钮来调节。

加厚方向 1：是指曲面的法线方向。

加厚方向 2：是指与曲面法线相反的方向。

双向加厚：是指从两个方向对曲面进行加厚。

加厚曲面：是指需要加厚的曲面。

闭合曲面填充：将封闭的曲面生成实体。

“闭合曲面填充”能实现以下几种功能：闭合曲面填充、闭合曲面填充增料、曲面融合、闭合曲面填充减料。

**1. 闭合曲面填充**

（1）绘制完封闭的曲面后，单击“造型”下拉菜单，指向“特征生成”，再指向“增料”，单击“曲面加厚”；或者直接单击“曲面加厚增料”按钮，系统弹出“曲面加厚”对话框，勾选“闭合曲面填充”选项。

（2）在对话框中选择适当的精度，按照系统提示，拾取所有曲面，单击“确定”完成。

**2. 闭合曲面填充增料**

（1）“闭合曲面填充增料”就是在原来实体零件的基础上，根据闭合曲面，增加一个实体，和原来的实体构成一个新的实体零件。

（2）方法和命令路径与闭合曲面填充的方法一致。

**3. 曲面融合**

曲面融合就是在实体上用曲面与当前实体围成一个区域，把该区域填充成实体。方法和命令路径与闭合曲面填充的方法一致。

注意：加厚方向的选择要正确。

## 十、曲面加厚除料

对指定的曲面按照给定的厚度和方向进行移出的特征修改。

（1）单击“造型”，指向“特征生成”，再指向“除料”，单击“曲面加厚”；或者直接单击按钮，弹出曲面加厚对话框，如图 1-15 所示。

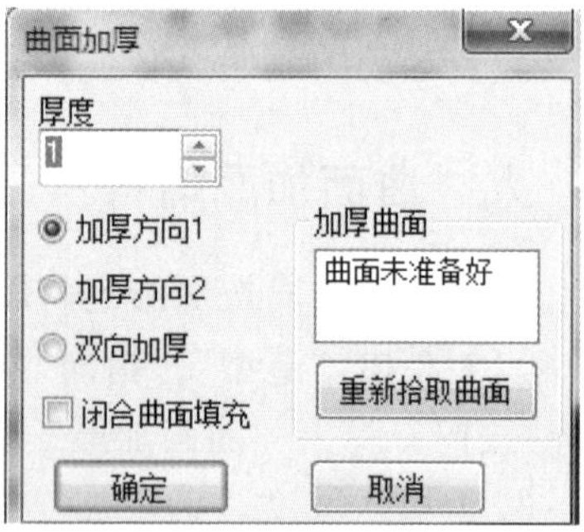


图 1-15　“曲面加厚”除料对话框

（2）填入厚度，确定加厚方向，拾取曲面，单击“确定”完成操作。

参数：

厚度：是指对曲面加厚的尺寸，可以直接输入所需数值，也可以点击按钮来调节。

加厚方向 1：是指曲面的法线方向。

加厚方向 2：是指与曲面法线相反的方向。

双向加厚：是指从两个方向对曲面进行加厚。

加厚曲面：是指需要加厚的曲面。

闭合曲面填充：用闭合曲面围成的区域裁剪当前实体（布尔减运算）。

闭合曲面填充减料：

（1）闭合曲面填充减料就是用闭合曲面围成的区域裁剪当前实体（布尔减运算）。

（2）绘制完封闭的曲面和实体后，单击“造型”下拉菜单，指向“特征生成”，再指向“除料”，单击“曲面加厚”；或者直接单击“曲面加厚除料”　按钮。系统弹出“曲面加厚”对话框，勾选“闭合曲面填充”选项。

（3）在对话框中选择适当的精度，按照系统提示，拾取所有曲面，单击“确定”完成。

注意：

（1）加厚方向选择要正确。

（2）应用“曲面加厚除料”时，实体应至少有一部分大于曲面。若曲面完全大于实体，系统会提示特征操作失败。

（3）曲面填充减料中曲面必须使用封闭的曲面。

### 十一、曲面裁剪

用生成的曲面对实体进行修剪，去掉不需要的部分。

（1）单击“造型”，指向“特征生成”，再指向“除料”，单击“曲面裁剪”；或者直接单击按钮，弹出“曲面裁剪除料”对话框，如图 1-16 所示。

（2）拾取曲面，确定是否进行除料方向选择，单击“确定”完成操作。

参数：

裁剪曲面：是指对实体进行裁剪的曲面，参与裁剪的曲面可以是多张边界相连的曲面。

除料方向选择：是指选择除去哪一部分实体，分别按照不同方向生成实体。

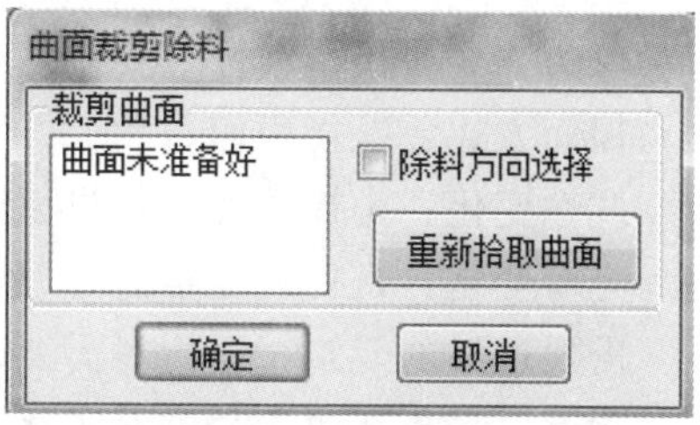


图 1-16　“曲面裁剪除料”对话框

注意：在特征树中，右键单击“曲面裁剪”，后“修改特征”，弹出对话框，其中增加了“重新拾取曲面”的按钮，可以以此来重新选择裁剪所用的曲面。

## 第三节　处理特征

### 一、过渡

过渡是指以给定半径或半径规律在实体间作光滑过渡。

（1）单击“造型”，指向“特征生成”，单击“过渡”；或者直接单击按钮，弹出“过渡”对话框，如图 1-17 所示。

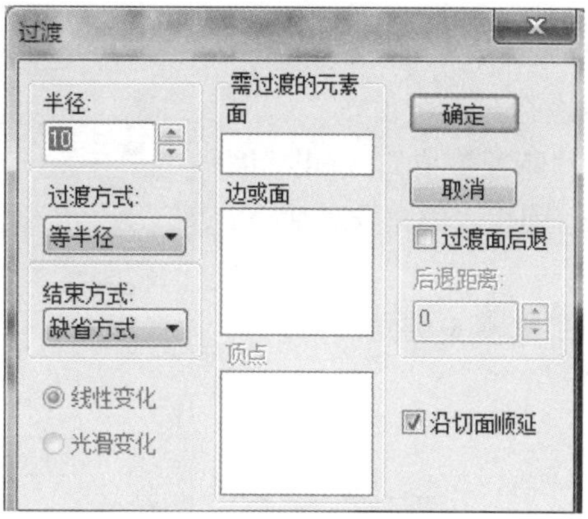


图 1-17　“过渡”对话框

（2）填入半径，确定过渡方式和结束方式，选择变化方式，拾取需要过渡的元素，单击“确定”完成操作。

参数：

半径：是指过渡圆角的尺寸值，可以直接输入所需数值，也可以点击按钮来调节。

过渡方式有两种：等半径和变半径。

等半径：是指整条边或面以固定的尺寸值进行过渡。

变半径：是指在边或面以渐变的尺寸值进行过渡，需要分别指定各点的半径。

结束方式有三种：缺省方式、保边方式和保面方式。

缺省方式：是指以系统默认的保边或保面方式进行过渡。

保边方式：是指线面过渡。

保面方式：是指面面过渡。

线性变化：是指在变半径过渡时，过渡边界为直线。

光滑变化：是指在变半径过渡时，过渡边界为光滑的曲线。

需要过渡的元素：是指对需要过渡的实体上的边或面的选取。

顶点：是指在边半径过渡时，所拾取的边上的顶点。

沿切面顺延：是指在相切的几个表面的边界上，拾取一条边时，可以将边界全部过渡，先将竖的边过渡后，在用此功能选取一条横边。

过渡面后退：零件在使用过渡特征时，可以使用“过渡面后退”使过渡变得缓慢光滑。

① 使用“过渡面后退”功能时，首先要勾选“过渡面后退”选项，然后再拾取过渡边，并给定每条边所需要的后退距离，每条边的后退距离可以是相等的也可以不相等。

② 如果先拾取了过渡边而没有勾选“过渡面后退”选项，那么必须重新拾取所有过渡边，这样才能实现过渡面后退功能。

③ 在“过渡”对话框中选择适当的半径值和过渡方式，单击“确定”完成。

注意：

（1）在进行变半径过渡时，只能拾取边，不能拾取面。

（2）变半径过渡时，注意控制点的顺序。

（3）在使用过渡面后退功能时，过渡边不能少于 3 条且有公共点。

## 二、倒角

倒角是指对实体的棱边进行光滑过渡。

（1）单击“造型”，指向“特征生成”，单击“倒角”；或者直接单击按钮，弹出“倒角”对话框，如图 1-18 所示。

（2）填入距离和角度，拾取需要倒角的元素，单击“确定”完成操作。

参数：

距离：是指倒角的边尺寸值，可以直接输入所需数值，也可以点击按钮来调节。

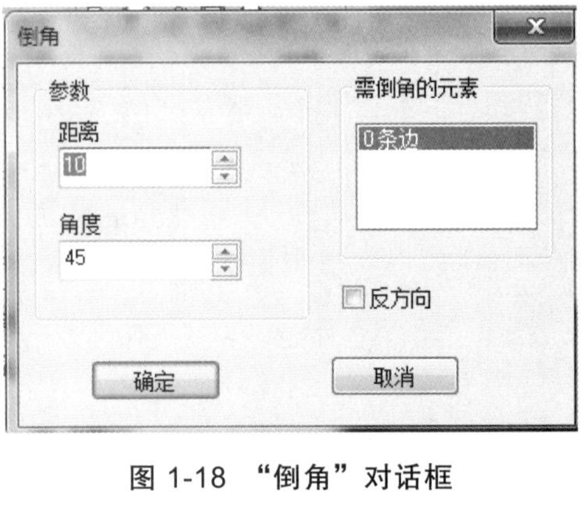


图 1-18 “倒角”对话框

角度：是指所倒角度的尺寸值，可以直接输入所需数值，也可以点击按钮来调节。
需倒角的元素：是指对需要过渡的实体上的边的选取。
反方向：是指向与默认方向相反的方向进行操作，分别按照两个方向生成实体。
注意：两个平面的棱边才可以倒角。

## 三、孔

孔是指在平面上直接去除材料生成各种类型的孔。

（1）单击“造型”，指向“特征生成”，单击“孔”；或者直接单击按钮，弹出“孔”对话框。

（2）拾取打孔平面，选择“孔的类型”，弹出“孔的类型”对话框，如图 1-19 所示，指定孔的定位点，点击“下一步”。

（3）填入孔的参数，单击“确定”完成操作。

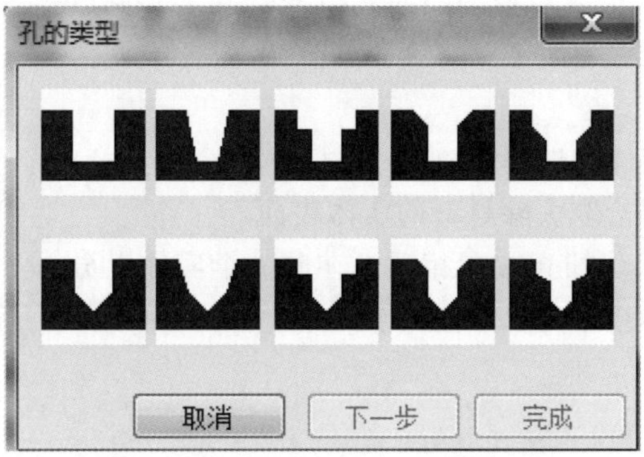


**图 1-19　“孔的类型”对话框**

参数：
主要是不同的孔的直径、深度，沉孔和钻头的参数等。
通孔：是指将整个实体贯穿。
注意：
（1）通孔时，深度不可用。
（2）指定孔的定位点时，点击平面后按回车，可以输入打孔位置的坐标值。

## 四、拔模

拔模是指保持中性面与拔模面的交轴不变（即以此交轴为旋转轴），对拔模面进行相应拔模角度的旋转操作。此功能用来对几何面的倾斜角进行修改，用户可通过拔模操作把直孔修改成带一定拔模角的斜孔。

（1）单击“造型”，指向“特征生成”，单击“拔模”；或者直接单击按钮，弹出“拔模”对话框，如图 1-20 所示。

**图 1-20　拔模对话框**

（2）填入拔模角度，选取中立面和拔模面，单击“确定”完成操作。

参数：

拔模角度：是指拔模面法线与中立面所夹的锐角。

中立面：是指拔模起始的位置。

拔模面：需要进行拔模的实体表面。

向里：是指与默认方向相反，分别按照两个方向生成实体。

注意：拔模角度不要超过合理值。

## 五、抽壳

根据指定壳体的厚度将实心物体抽成内空的薄壳体。

（1）单击“造型”，指向“特征生成”，单击“抽壳”；或者直接单击按钮，弹出“抽壳”对话框，如图 1-21 所示。

（2）填入抽壳厚度，选取需抽去的面，单击“确定”完成操作。

参数：

厚度：是指抽壳后实体的壁厚。

需抽去的面：是指要拾取去除材料的实体表面。

向外抽壳：是指与默认抽壳方向相反，在同一个实体上分别按照两个方向生成实体结果是尺寸不同。

注意：

抽壳厚度要合理。

图 1-21　“抽壳”对话框

## 六、筋板

在指定位置增加加强筋。

（1）单击“造型”，指向“特征生成”，单击“筋板”；或者直接单击按钮，弹出“筋板特征”对话框，如图 1-22 所示。

（2）选取筋板加厚方式，填入厚度，拾取草图，单击“确定”完成操作。

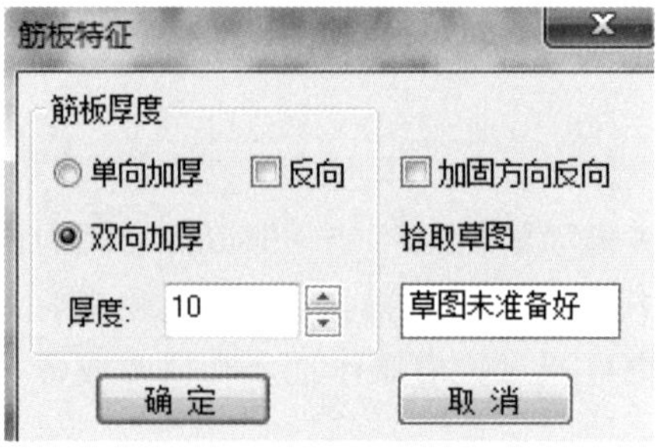


图 1-22　“筋板特征”对话框

参数：

单向加厚：是指按照固定的方向和厚度生成实体。

反向：与默认给定的单项加厚方向相反。

双向加厚：是指按照相反的方向生成给定厚度的实体，厚度以草图平分。

加固方向反向：是指与默认加固方向相反，按照不同的加固方向所做的筋板。

注意：

（1）加固方向应指向实体，否则操作失败。

（2）草图形状可以不封闭。

# 第四节　阵列特征

## 一、线性阵列

通过线性阵列可以沿一个方向或多个方向快速进行特征的复制。

（1）单击“造型”，指向“特征生成”，单击“线性阵列”；或者直接单击按钮，弹出“线性阵列”对话框，如图 1-23 所示。

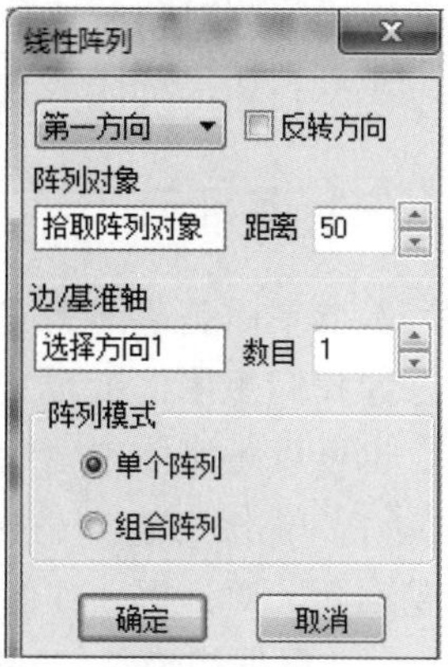


图 1-23　“线性阵列”对话框

（2）分别在第一和第二阵列方向，拾取阵列对象和边/基准轴，填入距离和数目，单击“确定”完成操作。

参数：

方向：是指阵列的第一方向和第二方向。

阵列对象：是指要进行阵列的特征。

边/基准轴：阵列所沿的指示方向的边或者基准轴。

距离：是指阵列对象相距的尺寸值，可以直接输入所需数值，也可以单击按钮来调节。

数目：是指阵列对象的个数，可以直接输入所需数值，也可以单击按钮来调节。

反转方向：是指向与默认方向相反的方向进行阵列。

阵列模式：可解决多曲线环体及修改型特征（如带过渡特征）的阵列。

注意：

（1）如果特征 A 附着（依赖〕于特征 B，当阵列特征 B 时，特征 A 不会被阵列。

（2）两个阵列方向都要选取。

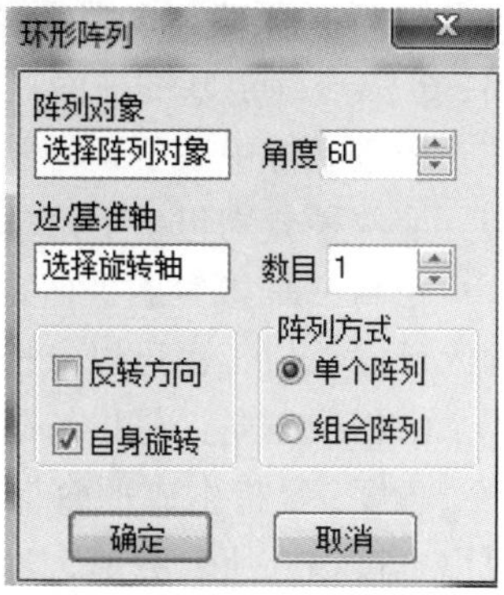


图 1-24　“环形阵列”对话框

## 二、环形阵列

绕某基准轴旋转将特征阵列为多个特征，构成环形阵列。基准轴应为空间直线。

（1）单击“造型”，指向“特征生成”，单击“环性阵列”；或者直接单击按钮，弹出“环形阵列”对话框，如图 1-24 所示。

（2）拾取阵列对象和边/基准轴，填入角度和数目，单击“确定”完成操作。

参数：

阵列对象：是指要进行阵列的特征。

边/基准轴：阵列所沿的指示方向的边或者基准轴。

角度：是指阵列对象所夹的角度值，可以直接输入所需数值，也可以点击按钮来调节。

数目：是指阵列对象的个数，可以直接输入所需数值，也可以点击按钮来调节。

反转方向：是指向与默认方向相反的方向进行阵列。

自身旋转：是指在阵列过程中，这列对象在绕阵列中心旋转的过程中，也绕自身的中心旋转，否则将互相平行。

阵列模式：可解决多曲线环体及修改型特征（如带过渡特征）的阵列。

组合阵列模式：

（1）图中的圆形凸起需要作环形阵列，由于该特征还存在两个修改型特征（过渡特征），因此在阵列时，应该使用环形阵列方式中的“组合阵列”。

（2）单击“造型”下拉菜单，指向“特征生成”，选择“环形阵列”；或者直接单击“环形阵列”按钮，系统会弹出“环形阵列”对话框，阵列方式选择“组合阵列”，在特征树中选取相应的阵列对象，填写所需的角度值和阵列数目，最后拾取旋转轴。

注意：如果特征 A 附着（依赖〕于特征 B，当阵列特征 B 时，特征 A 不会被阵列。

## 三、基准面

基准平面是草图和实体赖以生存的平面，它的作用是确定草图在哪个基准面上绘制，这就好像我们想用稿纸写文章，首先选择一页稿纸一样。基准面可以是特征树中已有的坐标平面，也可以是实体中生成的某个平面，还可以是通过某特征构造出的面。

（1）单击“造型”，指向“特征生成”，单击“基准面”；或者直接单击按钮，弹出“构造基准面”对话框，如图 1-25 所示。

图 1-25　“构造基准面”对话框

（2）根据构造条件，需要时填入距离或角度，单击“确定”完成操作。

构造平面的方法包括以下几种：① 等距平面确定基准平面；② 过直线与平面成夹角确定基准平面；③ 生成曲面上某点的切平面，过点且垂直于直线确定基准平面；④ 过点且平行平面确定基准平面；⑤ 过点和直线确定基准平面；⑥ 三点确定基准平面；⑦ 根据当前坐标系构造基准面。

构造条件中主要是需要拾取的各种元素。

前两种分别包括下面参数：

距离：是指生成平面距参照平面的尺寸值，可以直接输入所需数值，也可以点击按钮来调节。

向相反方向：是指与默认的方向相反的方向。

角度：是指生成平面与参照平面的所夹锐角的尺寸值，可以直接输入所需数值，也可以点击按钮来调节。

注意：拾取时要满足各种不同构造方法给定的拾取条件。

# 第五节 造型实例

以连杆为例，介绍用特征树生成的全过程。连杆产品效果图如图 1-26 所示。

图 1-26 连杆产品效果图

**第一步：作基本拉伸体的草图。**

（1）单击零件特征树的“平面 XY”，选定该平面为草图基准面。

（2）单击按钮，进入草图状态。

（3）单击按钮，作圆 1，选择“圆心_半径”模式：圆心（70，0，0），半径 R = 20。

（4）作圆 2，选择“圆心_半径”模式：圆心（-70，0，0），半径 R = 40。

（5）单击按钮，作圆弧 3，选择“两点_半径”模式：用“切点”方式，半径 R = 250。

（6）作圆弧 4，选择“两点_半径”模式：用“切点”方式，半径 R = 250。

结果如图 1-27 所示。

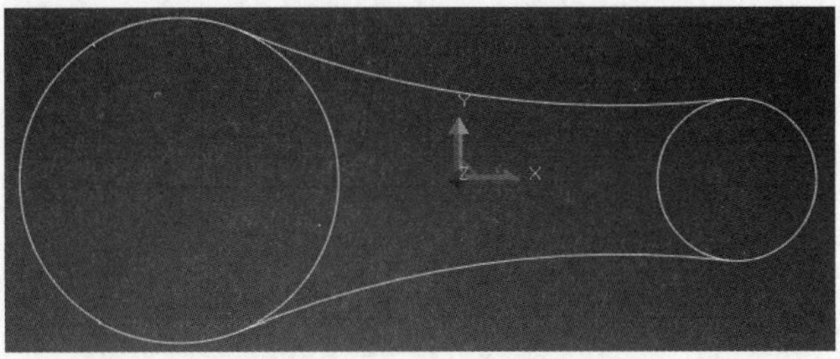


图 1-27 操作过程

（7）单击按钮，在立即菜单中选择“快速裁剪”，裁掉圆弧段，结果如图 1-28 所示。

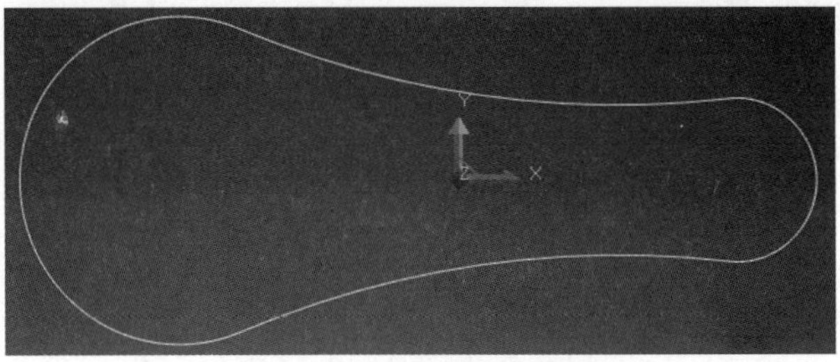


图 1-28 裁剪后的效果

（8）单击“绘制草图”图标，退出草图状态，草图完成。按 F8 在轴侧图中观察。

**第二步：基本拉伸体生成。**

单击按钮，在对话框中输入深度值 10，用鼠标点击“增加拔模斜度”前的小方框，输入拔模角度值 5，点击“确定”。拉伸结果如 1-29 所示。

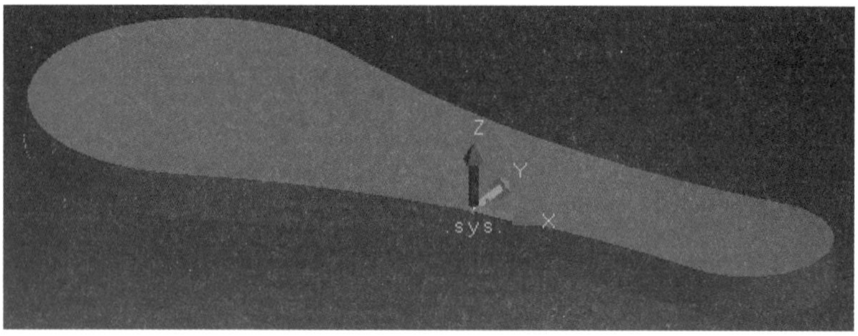


图 1-29　基本拉伸体生成

**第三步：拉伸小凸台。**

（1）单击基本拉伸体的上表面和按钮。在草图 1 上作圆：选择“圆心_半径”模式，圆心为基本拉伸体上表面的小圆弧的圆心，半径与之相同。（提示：圆心和圆上一点用点工具菜单得到）。

（2）单击按钮，退出草图状态。

（3）单击按钮，在对话框中输入深度值 10，拔模角度值 5，单击“确定”，结果如图 1-30 所示。

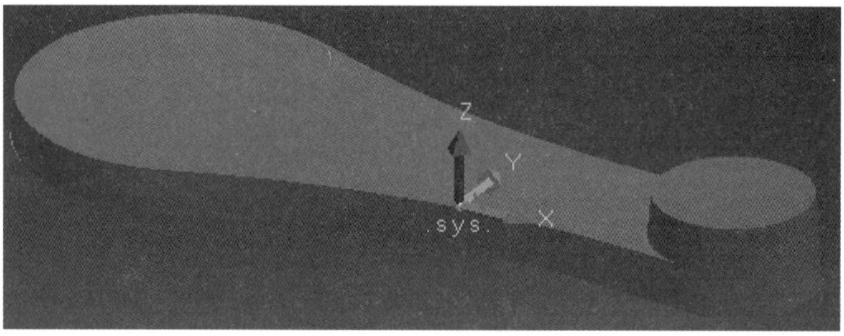


图 1-30　拉伸小凸台

**第四步：拉伸大凸台。**

（1）单击基本拉伸体的上表面和按钮，进入草图状态。

（2）作圆：选择“圆心_半径”模式，圆心为基本拉伸体上表面的大圆弧的圆心，半径与之相同。（提示：圆心和圆上一点用点工具菜单得到）。

（3）单击，退出草图状态。

（4）单击按钮，在对话框中输入深度值 15，拔模角度值 5，单击“确定”，结果如图 1-31 所示。

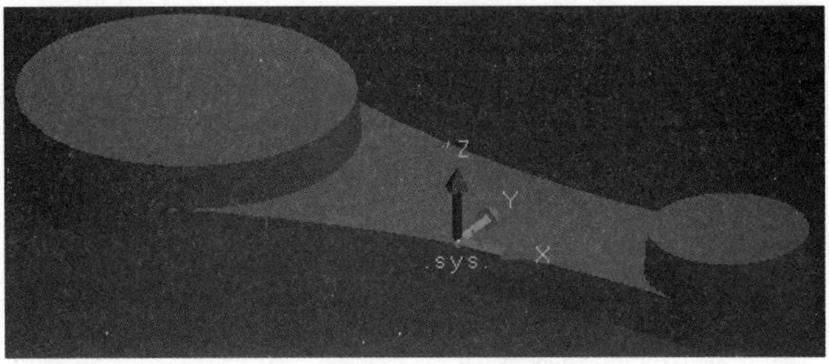


图 1-31　拉伸大凸台

**第五步：小凸台凹坑。**

（1）单击零件特征树的“平面 XZ”和按钮，进入草图状态。

（2）作直线 1，直线 1 的首点是小凸台上表面圆的端点，直线 1 的末点是小凸台上表面圆的中点（端点和中点的拾取利用“点工具”菜单）。

（3）将直线 1 向上等距 10，得到直线 2。

（4）作圆：以直线 2 的中点为圆心，半径 R = 15 作圆。

（5）删除直线 1，裁剪掉直线 2 的两端和圆的上半部分，如图 1-32 所示。

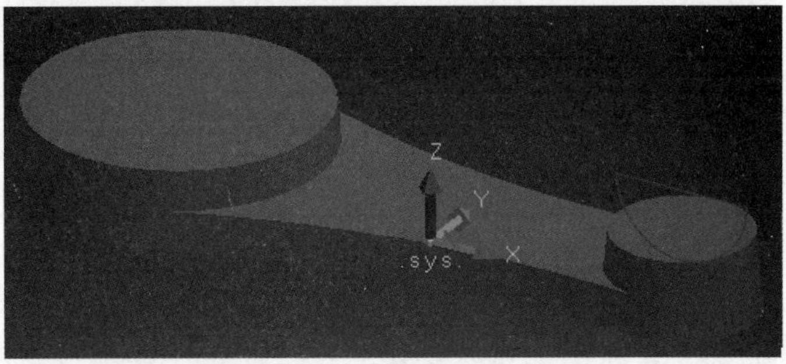


图 1-32　小凸台凹坑操作过程

（6）单击按钮，退出草图状态。

（7）作与半圆直径完全重合的空间直线。

（8）单击按钮，弹出旋转对话框，在对话框中选取空间直线为旋转轴，单击“确定”，删除空间直线，结果如图 1-33 所示。

图 1-33　小凸台凹坑效果图

**第六步：大凸台凹坑。**

（1）单击零件特征树的“平面 XZ”和按钮，进入草图状态。

（2）作直线 3。直线 3 的首点是大凸台上表面圆的端点，末点是大凸台上表面圆的中点。

（3）将直线 3 向上等距 20，得到直线 4。

（4）作圆：以直线 4 的中点为圆心，半径 R = 30 作圆。

（5）删除直线 3，裁剪掉直线 4 的两端和圆的上半部分。

（6）单击按钮，退出草图状态。

（7）作与半圆直径完全重合的空间直线，如图 1-34 所示。

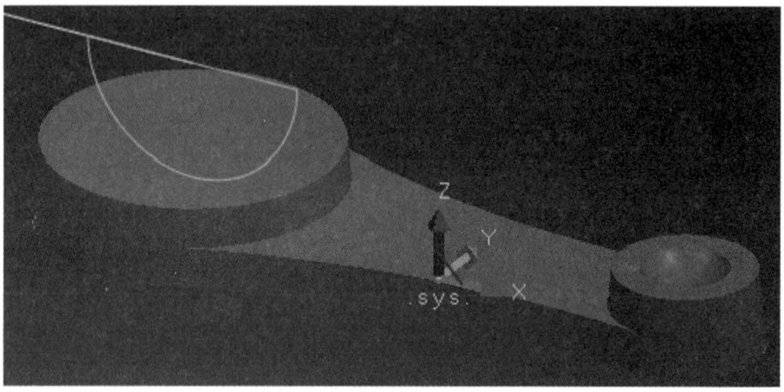


**图 1-34　大凸台凹坑操作过程**

（8）单击按钮，弹出“旋转”对话框。拾取草图和旋转轴空间直线，点击“确定”。

（9）删除空间直线后，结果如图 1-35 所示。

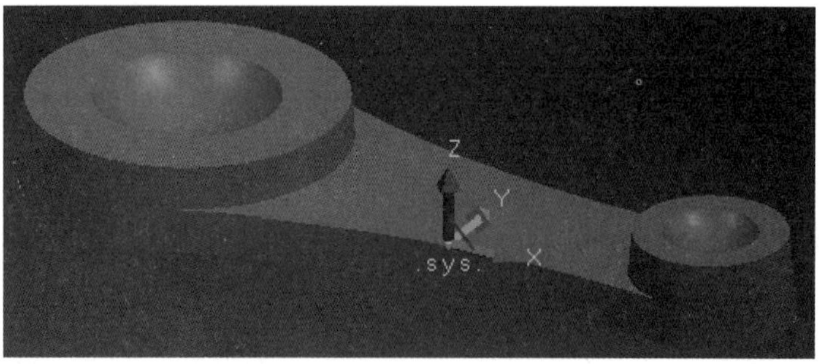


**图 1-35　大凸台凹坑效果图**

**第七步：基本拉伸体上表面凹坑。**

（1）单击基本拉伸体的上表面和按钮，进入草图状态。

（2）单击曲面相关线按钮，在立即菜单中选择实体边界，单击如图 1-36 所示位置，得到各边界线。

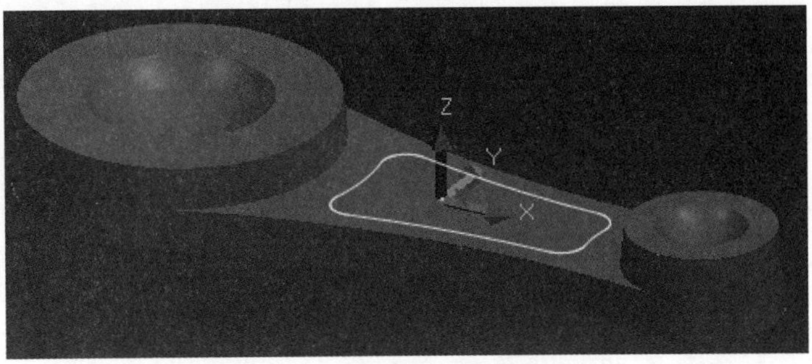


图 1-36　选择实体边界

（3）等距线生成：以等距半径 10 和 6 分别作刚生成的边界线的等距线，如图 1-37 所示。

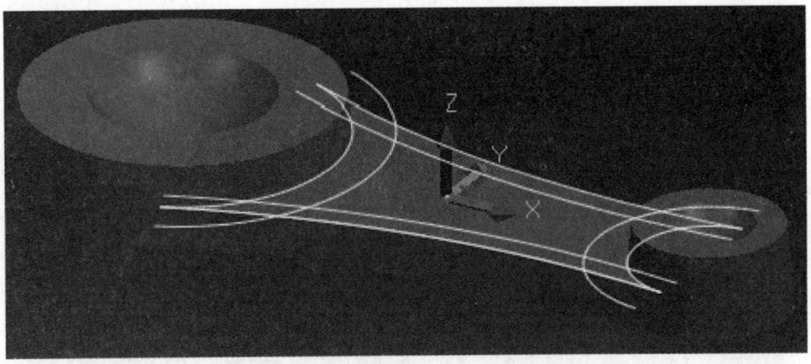


图 1-37　作边界线的等距线

（4）曲线过渡：单击曲线过渡按钮，在立即菜单中处输入半径值 6，对等矩生成的曲线作过渡。

（5）删除得到的各边界线。

（6）单击按钮，退出草图状态。

（7）单击拉伸除料按钮，设置深度 = 6，角度 = 30 度，结果如图 1-38 所示。

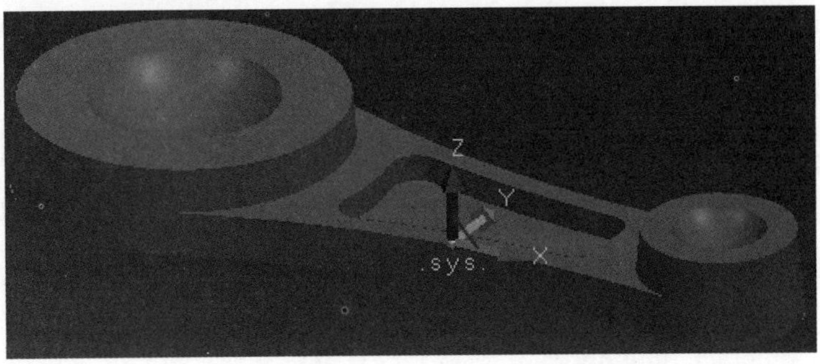


图 1-38　设置“深度”“角度”结果

**第八步：过渡生成。**

（1）单击“过渡”按钮，弹出“过渡”对话框（见图 1-39），在对话框中输入半径值 10，单击大凸台和基本拉伸体的交线，单击“确定”。

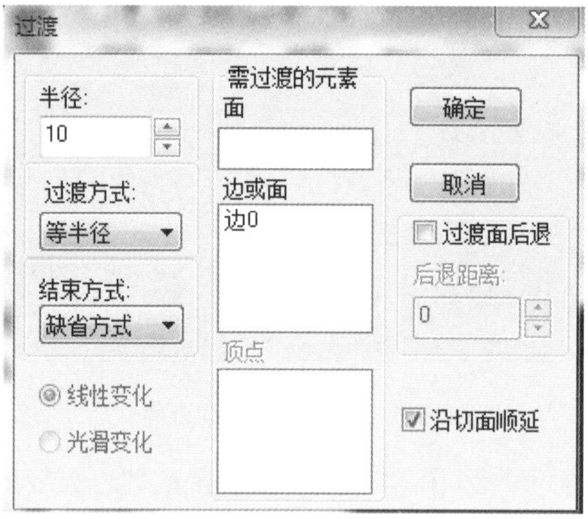


图 1-39　参数设置

（2）单击按钮，在对话框中输入半径值 5，点取小凸台和基本拉伸体的交线，单击“确定”。

（3）单击按钮，在对话框中输入半径值 3，点取所有棱边，单击确定按钮，结果如图 1-40 所示。

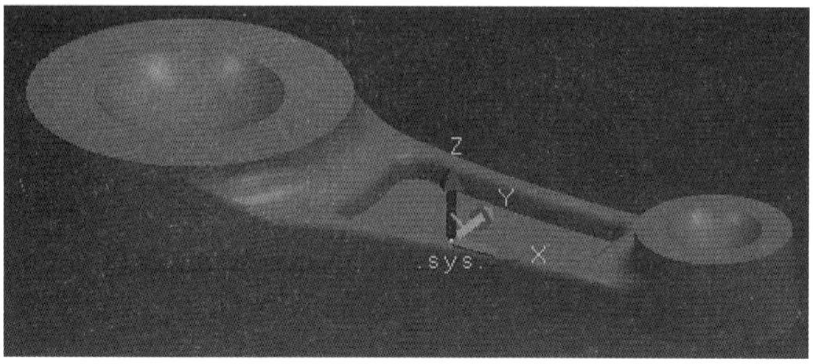


图 1-40　基本拉伸体上表面凹坑效果图

**第九步：打孔。**

大孔：

（1）单击基本拉伸体的下表面。

（2）单击孔按钮，在对话框中选择第一种方式，选取基本拉伸体的下表面大圆的圆心，单击“下一步”，弹出“孔的参数”对话框，选择通孔，输入直径值 20，点击“完成”。

小孔：

（1）单击基本拉伸体的下表面。

（2）单击按钮，在对话框中选择第一种方式，选取基本拉伸体的下表面小圆的圆心，单击下一步按钮，弹出“孔的参数”对话框，选择通孔，输入直径值 10，单击“完成”，结果如图 1-41 所示。

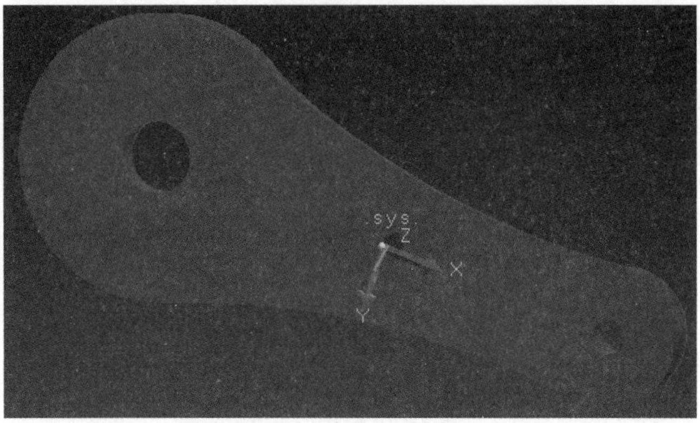


图 1-41　打孔效果图

# 第六节　数控加工概述

数控加工就是将加工数据和工艺参数输入到机床，机床的控制系统对输入信息进行运算与控制，并不断向直接指挥机床运动的机电功能转换部件——机床的伺服机构发送脉冲信号，伺服机构对脉冲信号进行转换与放大处理，然后由传动机构驱动机床，从而加工零件。所以，数控加工的关键是加工数据和工艺参数的获取，即数控编程。

## 一、数控加工的工作内容

数控加工一般包括以下几个内容：

（1）对图纸进行分析，确定需要数控加工的部分。

（2）利用图形软件对需要数控加工的部分造型。

（3）根据加工条件，选择合适的加工参数，生成加工轨迹（包括粗加工、半精加工、精加工轨迹）

（4）轨迹的仿真检验。

（5）生成 G 代码。

（6）传给机床加工。

用 CAXA 制造工程师（2016）软件实现数控加工的过程：

首先，在后置设置中须配置好机床。这是正确输出代码的关键；

其次，看懂图纸，用曲线、曲面和实体表达工件；

然后，根据工件形状，选择合适的加工方式，生成刀位轨迹；

最后，生成 G 代码，传给机床。

## 二、数控加工的优点

数控加工有以下主要优点：

（1）零件一致性好，质量稳定。因为数控机床的定位精度和重复定位精度都很高，很容易保证零件尺寸的一致性，而且大大减少了人为因素的影响。

（2）可加工任何复杂的产品，且精度不受复杂程度的影响。

（3）降低工人的体力劳动强度，从而节省出时间，从事创造性的工作。

# 第七节　数控加工功能介绍

## 一、平面轮廓精加工

功能：属于二轴加工方式，由于它可以指定拔模斜度，所以也可以做二轴半加工。该方式主要用于加工封闭的和不封闭的轮廓，适合 2/2.5 轴精加工，支持具有一定拔模斜度的轮廓轨迹生成，可以为生成的每一层轨迹定义不同的余量；生成轨迹速度较快。

### （一）参数表说明

点取“加工”下拉菜单中的“粗加工”→“平面轮廓精加工”菜单项，或用鼠标左键点取加工工具栏中的图标，弹出如图 1-42 所示的对话框。

图 1-42　“平面轮廓精加工”参数设置

每种加工方式的对话框中都有“确定”“取消”“悬挂”三个按钮，按“确定”按钮确认加工参数，开始随后的交互过程；按“取消”按钮取消当前的命令操作；按“悬挂”按钮表示加工轨迹并不马上生成，交互结束后并不计算加工轨迹，而是在执行轨迹生成批处理命令时才开始计算，这样就可以将很多计算复杂、耗时的轨迹生成任务准备好，直到空闲的时间，比如夜晚才开始真正计算，大大提高了工作效率。

平面轮廓加工参数表的内容包括：平面轮廓加工参数、切削用量、进退刀方式、下刀方式、铣刀参数五大项。平面轮廓加工参数包括：加工参数、拐角过渡方式、走刀方式、轮廓补偿、行距定义方式、拔模基准、层间走刀、机床自动补偿（G41/G42）等 8 项，每一项中又有其各自的参数。具体含义可参看加工基本概念的解释，各种参数的含义和填写方法如下：

**1. 走刀方式**

走刀方式是指刀具轨迹行与行之间的连接方式，本系统提供单向和往复两种方式。

单向：抬刀连接。刀具加工到一行刀位的终点后，抬到安全高度，再沿直线快速走刀到下一行首点所在位置的安全高度，垂直进刀，然后沿着相同的方向进行加工。

往复：直线连接，与单向不同的是，在进给完一个行距后，刀具沿着相反的方向进行加工，行间不抬刀。

**2. 拐角过渡方式**

拐角过渡就是在切削过程遇到拐角时的处理方式，本系统提供尖角和圆弧两种过渡方法。

尖角：刀具从轮廓的一边到另一边的过程中，以两条边延长后相交的方式连接。

圆弧：刀具从轮廓的一边到另一边的过程中，以圆弧的方式过渡。过渡半径=刀具半径+余量。

**3. 切削用量**

切削用量包括一些参考平面的高度参数（高度指 Z 向的坐标值），当需要进行一定的锥度加工时，还需要给定拔模角度和每层下降高度。

当前高度：被加工工件的最高高度，切削第一层时，下降一个每层下降高度。

底面高度：加工的最后一层所在高度。

每层下降高度：每层之间的间隔高度。

拔模斜度：加工完成后，轮廓所具有的倾斜度。

**4. 切削参数**

行距：每一行刀位之间的距离。

刀次：生成的刀位的行数。

轮廓加工余量：给轮廓留出的预留量。

加工误差：对由样条曲线组成的轮廓系统，将按给定的误差把样条转化成直线段，用户可按需要来控制加工的精度。

**5. 拔模基准**

当加工的工件带有拔模斜度时，工件顶层轮廓与底层轮廓的大小不一样。用“平面轮廓”功能生成加工轨迹时，只需画出工件顶层或底层的一个轮廓形状即可，无须画出两个轮廓。“拔模基准”用来确定轮廓是工件的顶层轮廓或是底层轮廓。

底层为基准：加工中所选的轮廓是工件底层的轮廓。

顶层为基准：加工中所选的轮廓是工件顶层的轮廓。

**6. 轮廓补偿**

ON：刀心线与轮廓重合。

TO：刀心线未到轮廓一个刀具半径。

PAST：刀心线超过轮廓一个刀具半径。

注意：补偿是左偏还是右偏取决于加工的是内轮廓还是外轮廓。

**7. 机床自动补偿**（G41/G42）

选择该项机床自动偏置刀具半径，那么在输出的代码中会自动加上 G41/G42（左偏/右偏）、G40（取消补偿）。输出代码中是自动加 G41 还是 G42，与拾取轮廓时的方向有关系。自动加上 G41/G42 以后的 G 代码格式是否正确，请看机床说明书中有关刀具半径补偿部分的叙述。

**8. 行距定义方式**

确定加工刀次后，刀具加工的行距可有两种方式确定。

行距方式：确定最后加工完工件的余量及每次加工之间的行距，也可以叫等行距加工。

余量方式：定义每次加工完所留的余量，也可以叫不等行距加工。余量的次数在刀次中定义。最多可定义 10 次加工的余量。

余量方式下，按“定义余量”按钮可弹出“定义加工余量”对话框，如图 1-43 所示。在刀次中已经定义为 2，所以图中只有 2 次加工余量可以供定义。

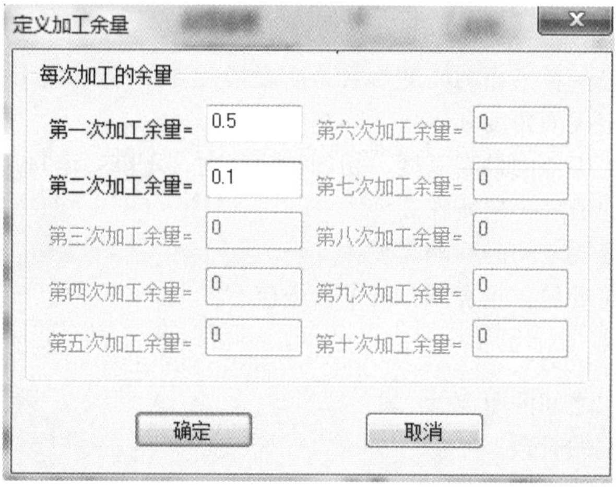


图 1-43　加工余量参数表

## （二）具体操作步骤

（1）填写参数表。

（2）拾取轮廓线：填写完参数表后，点取确认键，系统将给出提示：拾取轮廓，提示用户选择轮廓线。拾取轮廓线可以利用曲线拾取工具菜单，用空格键弹出工具菜单。工具菜单提供三种拾取方式：单个拾取，链拾取和限制链拾取。

当拾取第一条轮廓线后，此轮廓线变为红色的虚线。系统给出提示：选择方向。要求用户选轮廓线择一个方向，此方向表示刀具的加工方向，同时也表示拾取轮廓线的方向。选择方向后，如果采用的是链拾取方式，则系统自动拾取首尾连接的轮廓线，如果采用单个拾取，则系统提示继续拾取轮廓线。如果采用限制链拾取则系统自动拾取该曲线与限制曲线之间连接的曲线。

（3）选择加工的侧边：当拾取完轮廓线后，系统要求继续选择方向，此方向表示加工的侧边：是加工轮廓线内侧还是轮廓线外侧的区域。

（4）生成刀具轨迹：选择加工侧边之后，系统生成绿色的刀具轨迹，最外面的两圈曲线就是刀具轨迹线。至此完成利用平面轮廓方法生成刀具轨迹。

注意：

（1）轮廓线可以是封闭的，也可以是不封闭的。

（2）轮廓既可以是 XOY 面上的平面曲线，也可以是空间曲线。若是空间轮廓线，则系统将轮廓线投影到 XOY 面之后生成刀具轨迹。

（3）可以利用该功能完成分层的轮廓加工。通过指定“当前高度”“底面高度”及“每层下降高度”，即可定出加工的层数，进一步通过指定“拔模角度”，可以实现具有一定锥度的分层加工。

## 二、平面区域式粗加工

功能：生成具有多个岛的平面区域的刀具轨迹。适合 2/2.5 轴粗加工，与区域式粗加工类似，所不同的是该功能支持轮廓和岛屿的分别清根设置，可以单独设置各自的余量、补偿及上下刀信息。最明显的就是该功能轨迹生成速度较快。

### （一）参数表说明

点取“加工”->“二轴加工”->“平面区域粗加工”菜单项，弹出如图 1-44 所示对话框。

图 1-44　“平面区域粗加工”参数表

加工参数：每种加工方式的对话框中都有“确定”“取消”“悬挂”三个按钮，按确定按钮确认加工参数，开始随后的交互过程；按取消按钮取消当前的命令操作；按悬挂按钮表示加工轨迹并不马上生成，交互结束后并不计算加工轨迹，而是在执行轨迹生成批处理命令时才开始计算，这样就可以将很多计算复杂、耗时的轨迹生成任务准备好，直到空闲的时间，比如夜晚才开始真正计算，大大提高了工作效率。

参数表的内容包括：平面区域加工参数、切削用量、进退刀方式、下刀方式、清根参数、刀具参数，坐标系和几何八项。刀具参数、机床参数、切削用量、几何前面已有介绍。平面轮区域加工参数包括：走刀方式、拐角过渡方式、拔模基准、加工参数、轮廓参数、岛参数、标识钻孔点等 7 项，每项中又有它各自的参数。其具体含义可参看加工基本概念的解释，各种参数的含义和填写方法如下：

**1. 走刀方式**

平行加工：刀具以平行走刀方式切削工件。可改变生成的刀位行与 X 轴的夹角。可选择单向还是往复方式：

单向：刀具以单一的顺铣或逆铣方式加工工件。

往复：刀具以顺逆混合方式加工工件。

环切加工：刀具以环状走刀方式切削工件。可选择从里向外还是从外向里的方式。

**2. 标识钻孔点：选择该项自动显示出下刀打孔的点。**

（1）清根参数：

轮廓清根：延轮廓线清根。轮廓清根余量是指清根之前所剩的量。

岛清根：延岛曲线清根。岛清根余量是指清根之前所剩的量。

清根进退刀方式：分为垂直、直线、圆弧三种方式。

（2）接近返回参数：

接近方式：分为不设定、直线方式、圆弧方式和强制在某一点的方式。

返回方式：分为不设定、直线方式、圆弧方式和强制在某一点的方式。

（3）下刀方式参数：

① 安全高度：刀具快速移动而不会与毛坯或模型发生干涉的高度，有相对与绝对两种模式，单击相对或绝对按钮可以实现二者的互换。

相对：以切入或切出或切削开始或切削结束位置的刀位点为参考点。

绝对：以当前加工坐标系的 XOY 平面为参考平面。

拾取：单击后可以从工作区选择安全高度的绝对位置高度点。

② 慢速下刀距离：在切入或切削开始前的一段刀位轨迹的位置长度，这段轨迹以慢速下刀速度垂直向下进给。有相对与绝对两种模式，单击相对或绝对按钮可以实现二者的互换。

相对：以切入或切削开始位置的刀位点为参考点。

绝对：以当前加工坐标系的 XOY 平面为参考平面。

拾取：单击后可以从工作区选择慢速下刀距离的绝对位置高度点。

#### 3. 退刀距离

退刀距离是指在切出或切削结束后的一段刀位轨迹的位置长度，这段轨迹以退刀速度垂直向上进给。有相对与绝对两种模式，单击相对或绝对按钮可以实现二者的互换。

相对：以切出或切削结束位置的刀位点为参考点。

绝对：以当前加工坐标系的 XOY 平面为参考平面。

拾取：单击后可以从工作区选择退刀距离的绝对位置高度点。

#### 4. 切入方式

此处提供了四种通用的切入方式，几乎适用于所有的铣削加工策略，其中的一些切削加工策略有其特殊的切入切出方式（切入切出属性页面中可以设定）。如果在切入切出属性页面里设定了特殊的切入切出方式后，此处的通用的切入方式将不会起作用。

垂直：刀具沿垂直方向切入。

螺旋：刀具螺旋方式切入。

倾斜：刀具以与切削方向相反的倾斜线方向切入。

渐切：刀具沿加工切削轨迹切入。

长度：切入轨迹段的长度，以切削开始位置的刀位点为参考点。

节距：螺旋和倾斜切入时走刀的高度。

角度：渐切和倾斜线走刀方向与 XOY 平面的夹角。

### （二）具体操作步骤

（1）填写参数表。

（2）拾取轮廓线：填写完参数表格后，系统提示：拾取轮廓。拾取轮廓线可以利用曲线拾取工具菜单。

（3）轮廓线走向拾取：拾取第一条轮廓线后，此轮廓线变为红色的虚线。系统给出提示：选择方向。要求用户选择一个方向，此方向表示刀具的加工方向，同时也表示拾取轮廓线的方向。

（4）岛的拾取：拾取完区域轮廓线后，系统要求拾取第一个岛。在拾取岛的过程中，系统会自动判断岛自身的封闭性。如果所拾取的岛由一条封闭的曲线组成，则系统提示拾取第二个岛；如果所拾取的岛由两条以上的首尾连接的封闭曲线组合而成，当拾取到一条曲线后，系统提示继续拾取，直到岛轮廓已经封闭。如果有多个岛，系统会继续提示选择岛。

（5）生成刀具轨迹：岛选择完毕，用鼠标右键确认。确认后，系统立即给出刀具轨迹。

## 三、等高线粗加工

功能：生成分层等高式粗加工轨迹。

### （一）参数表说明

点取“加工”->“三轴加工”->“等高线粗加工”菜单项，弹出如图 1-45 所示对话框。

图 1-45 “等高线粗加工”参数设置

### 1. 加工方向

加工方向设定有以下 2 种选择：顺铣和逆铣。

### 2. 加工顺序

加工顺序设定有以下 2 种选择：区域优先和深度优先。

### 3. 层高和行距

层高：Z 向每加工层的切削深度。行距：输入 XY 方向可的切入量插入层数：两层之间插入轨迹。拔模角度：加工轨迹会出现角度。平坦部的等高补加工：对平坦部位进行 2 次补充加工。

切削宽度自适应：自动内部计算切削宽度。

### 4. 精度和余量

（1）加工精度：输入模型的加工精度。计算模型的加工轨迹的误差小于此值。加工精度越大，模型形状的误差也越大，模型表面越粗糙；加工精度越小，模型形状的误差也越小，模型表面越光滑，但是，轨迹段的数目增多，会使轨迹数据量变大。

（2）加工余量：输入相对加工区域的残余量，也可以输入负值。

（3）加工边界参数：选择使用可以拾取已有的边界曲线。

① 刀具中心位于加工边界：

重合：刀具位于边界上。

内侧：刀具位于边界的内侧。

外侧：刀具位于边界的外侧。

工件边界：选择使用后以工件本身为边界。

② 工件边界定义：

工件的轮廓：刀心位于工件轮廓上。

工件底端的轮廓：刀尖位于工件底端轮廓

刀触点和工件确定的轮廓：刀接触点位于轮廓上。

（4）高度范围参数：

① 自动设定：以给定毛坯高度自动设定 z 的范围。

② 用户设定：用户自定义 z 的起始高度和终止高度。

③ 补加工参数：选择使用可以自动计算前一把刀加工后的剩余量进行补加工。

· 填写前一把刀的直径。

· 填写前一把刀的刀角半径。

· 填写粗加工的余量。

（5）连接方式参数：

① 接近/返回：从设定的高度接近工件和从工件返回到设定高度。选择“加下刀”后可以加入所选定的下刀方式。

② 行间连接：每行轨迹间的连接。选择“加下刀”后可以加入所选定的下刀方式。

③ 层间连接：每层轨迹间的连接。选择“加下刀”后可以加入所选定的下刀方式。

④ 区域间连接：两个区域间的轨迹连接。选择“加下刀”后可以加入所选定的下刀方式。

（6）下/抬刀方式参数：

① 中心可切削刀具：可选择自动、直线、螺旋、往复、沿轮廓物种下刀方式。倾斜角和斜面长度前面已介绍。

② 预钻孔点：标示需要钻孔的点。

（7）空切区域参数：

① 平面参数：

安全高度：刀具快速移动而不会与毛坯或模型发生干涉的高度。

平面法矢量平行与：目前只有主轴方向。

平面法矢量：目前只有 z 轴正向。

圆弧光滑连接：抬到后加入圆角半径。

保持刀轴方向直到距离：保持刀轴的方向达到所设定的距离。

② 距离参数：

快速移动距离：在切入或切削开始前的一段刀位轨迹的位置长度，这段轨迹以快速移动方式进给。

慢速移动距离：在切入或切削开始前的一段刀位轨迹的位置长度，这段轨迹以慢速下刀速度进给。

空走刀安全距离：距离工件的高度距离。

③ 光滑参数：

光滑设置：将拐角或轮廓进行光滑处理。

删除微小面积：删除面积大于刀具直径百分比面积的曲面的轨迹。

消除内拐角剩余：删除在拐角部的剩余余量。

## 四、等高线精加工

功能：生成等高线加工轨迹。

### （一）参数表说明

点取“加工”-> “三轴加工”-> “多轴等高线精加工”菜单项，弹出如图 1-46 所示对话框。

图 1-46 “等高线精加工”参数设置

#### 1. 加工方向

加工方向设定有以下 2 种选择，顺铣和逆铣。

#### 2. 加工顺序

加工顺序设定有以下两类种选择，区域优先和深度优先以及从上向下和从下向上。

#### 3. 层高

层高：Z 向每加工层的切削深度。
最大步距：两个刀位点之间的最大距离。
最小步距：两个刀位点之间的最小距离。
平坦部的等高补加工：对平坦部位进行 2 次补充加工。

#### 4. 精度和余量

（1）加工精度：输入模型的加工精度。计算模型的加工轨迹的误差小于此值。加工精度越大，模型形状的误差也越大，模型表面越粗糙；加工精度越小，模型形状的误差也越小，模型表面越光滑，但是，轨迹段的数目增多，会使轨迹数据量变大。

（2）加工余量：输入相对加工区域的残余量，也可以输入负值。

（3）区域参数：包括加工边界参数、工件边界参数、坡度范围参数、高度范围参数、下刀点参数和补加工参数等六项。其中加工边界参数、工件边界参数、高度范围参数和补加工参数前面已有介绍。

① 坡度范围参数：选择使用后能够设定倾斜面角度和加工区域。

斜面角度范围：在斜面的起始和终止角度内填写数值来完成坡度的设定。

加工区域：选择所要加工的部位是在加工角度以内还是在加工角度以外。

② 下刀点参数：选择使用下刀点参数能够拾取开始点和在后续层开始点选择的方式。

开始点：加工时加工的起始点。

在后续层开始点选择的方式：在移动给定的距离后的点下刀。

# 思考与练习

## 一、填空题

1. CAXA 制造工程师软件支持的刀具类型有__________、__________、和___________。
2. CAXA 制造工程师软件需要指定一个点作为进退刀点，该点的作用是_____________。
3. 在铣削加工中顺铣指的是____________________，逆铣指的是___________________。
4. CAXA 制造工程师软件提供的实体阵列方式有_______________和_______________。

## 二、上机练习题

完成以下零件实体造型。

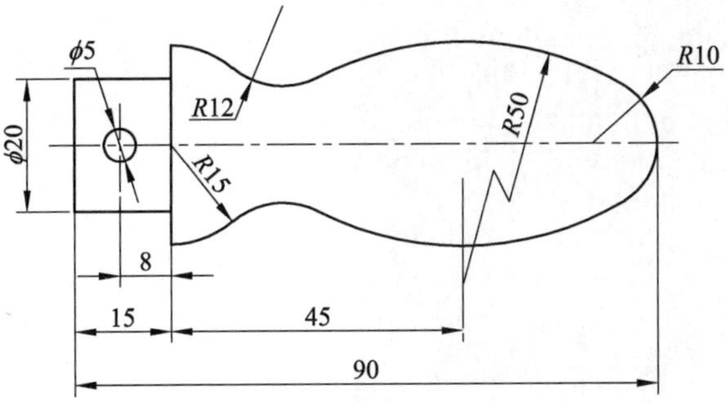


零件一

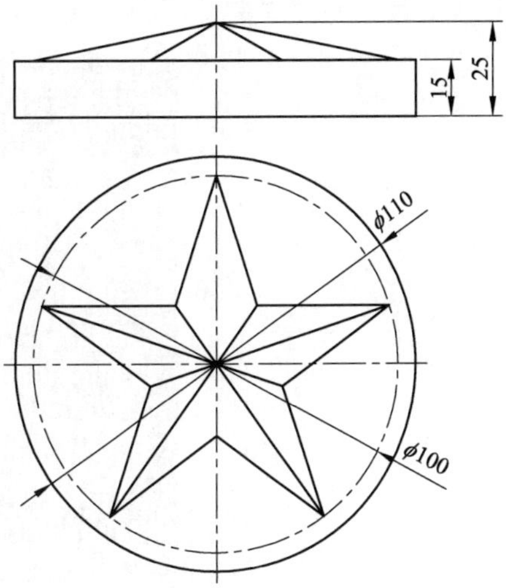


零件二

# 第二章　FANUC 0iM 数控铣床的基本操作

## 第一节　FANUC 0iM 数控铣床面板功能介绍

FANUC 0iM 数控系统面板分为三个大区域：监视器、MDI（手动数据录入）键盘和机床操作面板。

### 一、监视器

监视器是数控机床实现人机对话的窗口，用于显示机床的运行模式、机床的坐标位置、加工程序、系统参数、报警信息等，如图 2-1 所示。

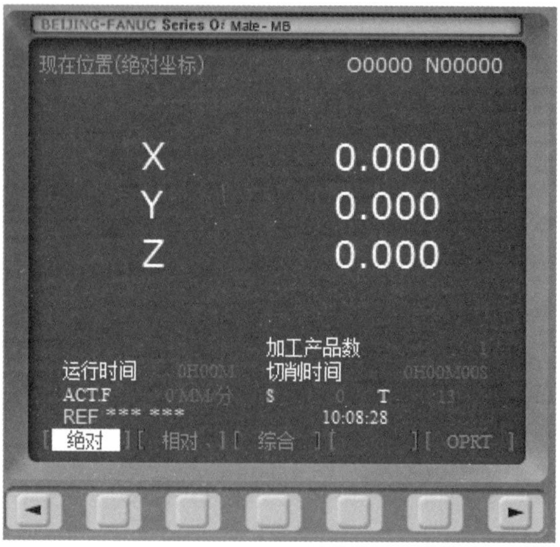


图 2-1　监视器显示的位置页面

监视器下面有一排软键，数控机床开机后在监视器最下面会有与中间五个软键对应的名称，在不同的模式和页面下，五个软键会对应不同的功能含义。最左侧的软键是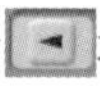返回键，用于返回上一级操作菜单，最右面的软键称作扩展键，用于显示同级其余菜单功能。如在位置显示页面下屏幕显示如图 2-1 所示。

中间五个软键对应的功能分别是绝对、相对、综合、HNDL、操作。屏幕上方的“现在位置（绝对坐标）”表明当前显示的绝对坐标。要想显示相对坐标，就需要按下与相对对应的软键（返回键右侧第二个软键）。

## 二、MDI 键盘（又称 MDI 面板或数控系统操作面板）

FANMUC 0iM 系统的 MDI 键盘一般在监视器的右方（见图 2-2），用于程序编辑、系统参数输入（如对刀数据）等功能。MDI 键盘上键的分类与功能如表 2-1 所示。

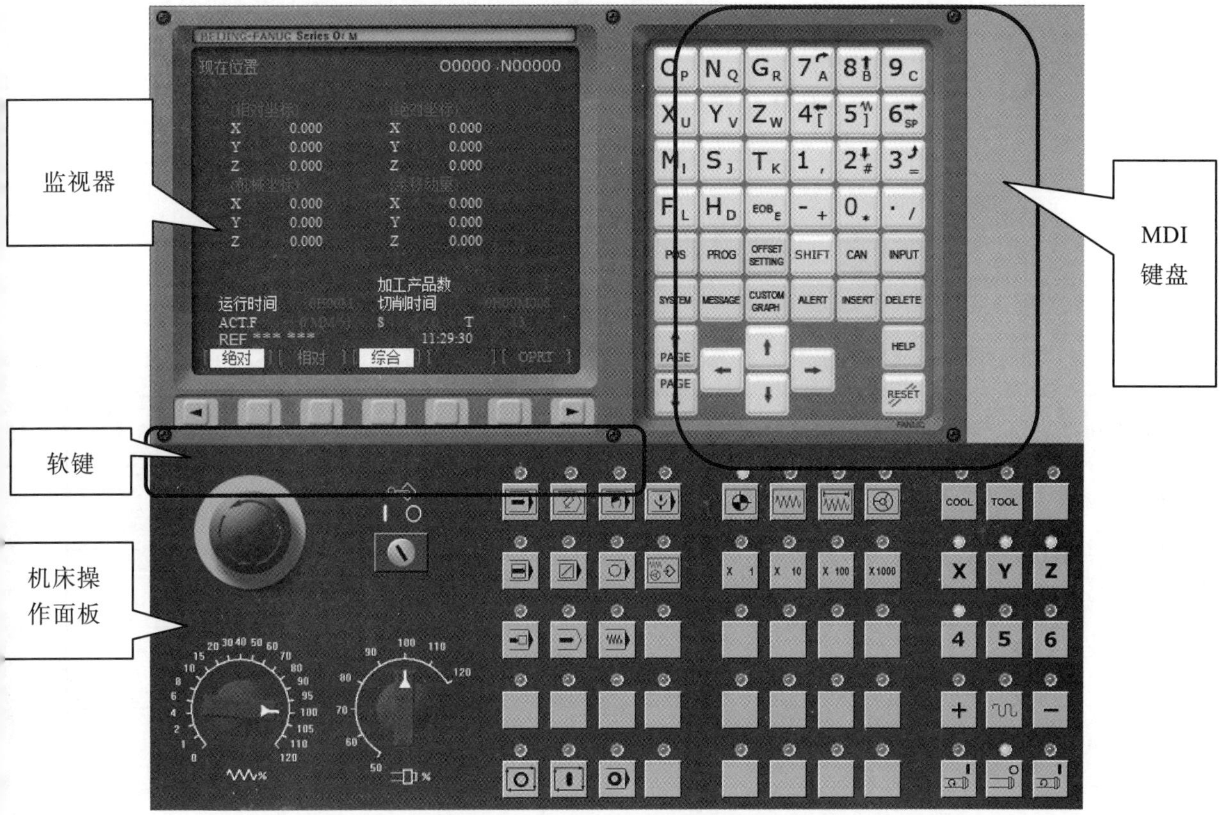


图 2-2 FANUC0iM 的 MDI 键盘

表 2-1 FANUC 0iM 数控系统操作面板说明

| 分类 | MDI 键 | 功能 |
|---|---|---|
| 翻页键 | 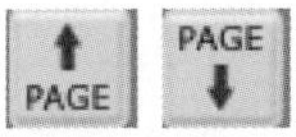 | 键 ↑PAGE 实现监视器中显示内容的向上翻页，<br>键 PAGE↓ 实现监视器显示内容的向下翻页 |
| 光标移动键 | 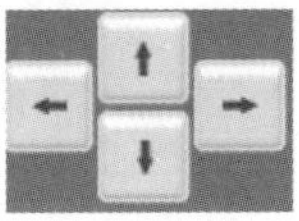 | 移动监视器中的光标位置。键 ↑ 实现光标的向上移动；键 ↓ 实现光标的向下移动；以上两键在编辑模式下，可以查找字或字符。键 ← 实现光标的向左移动；键 → 实现光标的向右移动 |
| 字母键 |  | 实现字符的输入，点击 SHIFT 键后再点击字符键，将输入右下角的字符。例如：点击 N<sub></sub>Q 将在监视器的光标所在位置输入“N”字符，点击键 SHIFT 后再点击 NQ 将在光标位置处输入 Q 字符；将其中的“EOB”将输入“;”号表示换行结束 |

续表

| 分类 | MDI 键 | 功能 |
|---|---|---|
| 数字键 |  | 实现字符的输入，例如：点击键 7A 将在光标所在位置输入“7”字符，点击键 SHIFT 后再点击 7A 将在光标所在位置输入“A” |
| 页面转换键 | POS　Position | 在监视器中显示坐标值 |
| | PROG　Program | 监视器将进入程序编辑和显示界面 |
| | OFFSET SETTING　Offset Setting | 监视器将进入参数补偿显示界面 |
| | SYSTEM　System | 监视器切换至系统参数界面 |
| | MESSAGE　Message | 切换至报警信息界面 |
| | CUSTOM GRAPH　Custom Graph | 在自动运行状态下将数控显示切换至轨迹模式 |
| | HELP　Help | 本软件不支持 |
| 编辑键 | SHIFT　Shift | 上档键：输入字符切换键 |
| | CAN　Cancel | 删除单个字符 |
| | ALERT　Alter | 字符替换 |
| | INSERT　Insert | 将输入域中的内容输入到指定区域 |
| | DELETE　Delete | 删除一段字符 |
| | EOB E　End of Block | 不按上档键而直接按其将输入“;”号表示换行结束 |
| 输入键 | INPUT　Input | 将数据域中的数据输入到指定的区域 |
| 复位键 | RESET　Reset | 在自动运行模式下，按压此键，作用同急停按钮；在编辑模式下，按压此键，光标会回到程序号上；在手动模式下，按压此键，主轴会停止转动；机床出现报警后，经过故障排除后，一般应按此键后再操作 |

## 三、数控机床操作面板按钮说明

机床操作面板的布局和形式因机床生产厂家不同而不同。图 2-3 所示数控铣床操作面板在外观上与图 2-2 有很大不同，但功能基本相同。数控机床操作面板一般由旋钮、照亮式按钮开关（按下指示灯亮，功能开启；弹起指示灯灭，功能关闭）或扳钮式切换开关（向上扳，功能开启；向下扳，功能关闭）等组合。

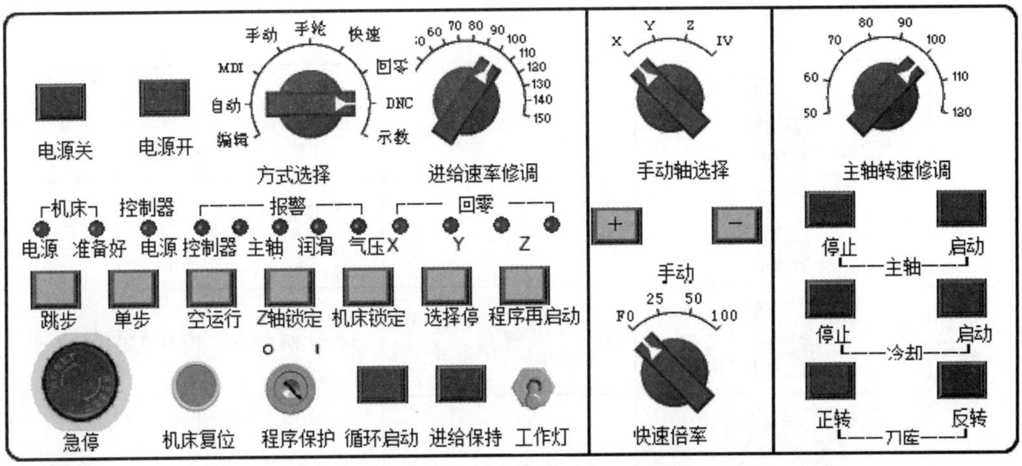


图 2-3　不同布局形式的数控铣床操作面板

FANUC0i 系统的数控铣床（加工中心）机床操作面板使用说明如表 2-2 所示。

表 2-2　FANUCOi 系统的数控铣床（加工中心）机床操作面板使用说明

| 分类 | 按钮 | 名称 | 功能说明 |
|---|---|---|---|
| 电源键 | （红色） | 关闭 | 关闭控制系统 |
| | （绿色） | 启动 | 启动控制系统 |
| 机床操作方式选择 | 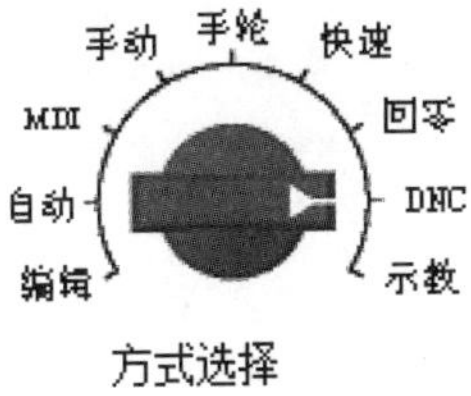  | 编辑 | 系统进入程序编辑状态 |
| | | 自动 | 系统进入自动加工模式，又称存储器（Memory）运行方式 |
| | | MDI（手动数据录入） | 系统进入 MDI 模式，手动录入并执行指令，Manual Data Input |
| | | 手动 | 机床处于手动模式，连续移动 |
| | | 手轮 | 机床处于手轮控制模式 |
| | | 快速 | 机床处于手动，快速移动 |
| | | 回零 | 此位置系统处于回原点模式，某些机床用 REF、HOME、回零点或 ZERO 表示 |
| | | DNC（远程执行） | 此位置系统进入远程执行模式（DNC 模式），输入输出资料 |
| | | 示教 | |

续表

| 分类 | 按钮 | 名称 | 功能说明 |
|---|---|---|---|
| 开关、按钮、旋钮 |  | 跳步 | 自动方式下按下此键，跳过程序开头带有“/”程序 |
| |  | 单段 | 每按一次程序执行一条程序命令 |
| |  | 空运行 | 按下此键，各轴以固定的速度转动 |
| |  | 锁定 | 按下此键，机床各轴被锁定，只能程序运行 |
| |  | 选择停 | 自动方式下，遇有 M01 程序停止 |
| |  | 急停 | 紧急停止按钮 |
| |  | 机床复位 | 机床恢复到初始位置 |
| |  | 程序保护 | 置于开启状态，可修改或编辑程序 |
| |  | 进给速率修调 | 调节运行时的进给速度倍率。调节范围从 0~150%。当旋钮至 0 时，快速定位运动停止，但当不在 0 时，不能控制快速定位运动速度。 |
| 开关、按钮、旋钮 | 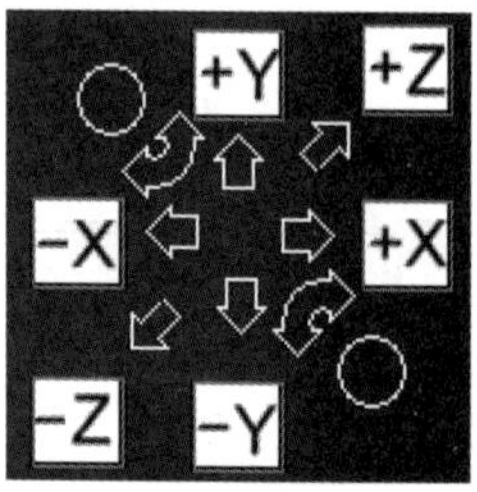 | 手动轴选择 | 手动移动各轴的按钮 |
| |  | 手动轴选择 | 选择对应的轴进行移动 |

续表

| 分类 | 按钮 | 名称 | 功能说明 |
| --- | --- | --- | --- |
| 开关、按钮、旋钮 | 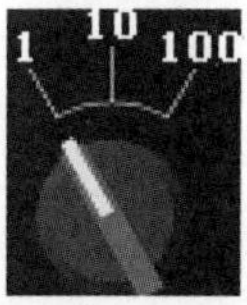 | 手轮轴倍率 | 选择移动机床轴时，每一步的距离：1 为 0.001 mm，10 为 0.01 mm，100 为 0.1 mm |
| |  | 主轴速度修调 | 调节主轴转速，调节范围 50%～120% 之间 |
| | 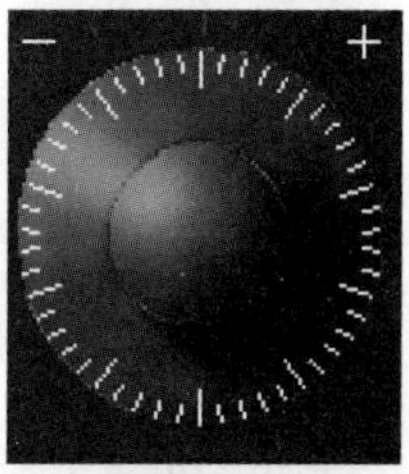 | 手摇脉冲发生器 | 把光标置于手轮上，选择轴向，按鼠标左键移动鼠标，手轮顺时针转，相应轴往正方向移动，手轮逆时针转，相应轴往负方向移动 |
| |  | 停止、正转、反转 | 手动主轴停止、正转、反转 |
| |  | 接通、断开 | 冷却液接通、断开 |

# 第二节　数控铣床的开、关机

## 一、开机步骤

（1）开总电源（一般在机床附近墙壁上的开关盒上）。

（2）开稳压器、气源等各辅助设备的电源开关并启动，打开气阀。

（3）开机床（铣床、加工中心等）控制柜总电源。

（4）按下 NC 控制电源按钮，直至显示器出现“NOT READY”为止，不要按 MDI 键盘上的任何键。

（5）松开机床急停按钮（一般为红色，蘑菇状）。

（6）此时蜂鸣器鸣叫，指示灯闪烁，按下 RESET 键（或机床操作面板上的蜂鸣器接触按钮），停止鸣叫或闪烁。

（7）选择 ZRN 模式，进行机床返回参考点操作（建立机械坐标系）；先回 Z 轴，直至 Z 轴原点灯亮起，再分别回 X，Y 轴原点，并直至原点灯亮。

## 二、关机步骤

（1）按下 NC 控制电源关按钮（此前最好移动数控机床各坐标轴，确保各轴离开机械原点适当距离 100 mm 以上，以便于下次开机后回参考点）。

（2）按下急停按钮。

（3）关机床控制柜总电源。

（4）关稳压器，气源等各辅助设备的电源开关并关气阀。

（5）关总电源开关。

# 第三节　手动回原点操作

手动回原点操作是数控机床开机后必须做的第一项工作（带有刚性编码器的机床除外），这类机床关机后能记忆机床位置），不可遗漏，目的是让机床找到机械原点的位置，即建立机床坐标系。

数控铣床加工中心手动回原点的顺序为：首先回 Z 轴原点（将刀具原理工件和夹具，确保安全），再依次分别回 Y 轴和 X 轴原点。

具体操作步骤如下：

（1）将方式选择旋钮置于回零模式。

（2）适当调整快速进给倍率（速度不要太高，有些机床，快速倍率必须放在 25%，否则容易发生超程）

（3）必须先将 Z 轴回零，然后 X 轴和 Y 轴回零（有些机床只能在 Z 轴回零后才能操作 X 轴和 Y 轴回零，这样可以更好地避免发生撞击事故）。

（4）当坐标零点提示灯亮起时，回零操作成功，按一下屏幕下方的“综合”软键，机械坐标显示均为零，见图 2-4。

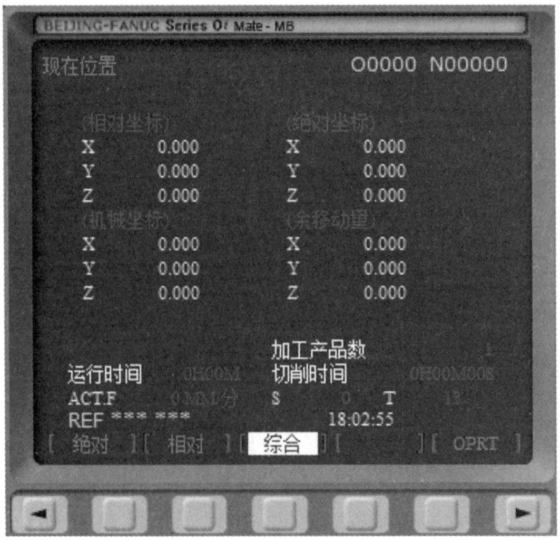


图 2-4　机械坐标显示

通过回原点操作，可以看出数控铣床与加工中心均有三个直线坐标轴。机床运动部件的位置在屏幕上由 X、Y、Z 三个坐标值显示。其中的“机械坐标”就是机床坐标系坐标。

手动原点回归前，应将机床各轴位置距离机械原点 25 mm 以上，以避免潜在的问题——因速度过快而超程。为了便于开机后回机床原点，在关机前千万不要将机床任何轴置于原点位置，应手动操作各轴离开机械原点 25 mm 以上，如 100 mm 左右。

# 第四节　数控铣床（加工中心）坐标系

数控机床上，为确定机床运动的方向和距离，必须要有一个坐标系才能实现，把这种机床固有的坐标系称为机床坐标系，该坐标系的建立必须依据一定的原则。

（1）假定刀具相对于静止的工件而运动的原则。这个原则规定，无论数控铣床（加工中心）是刀具运动还是工件运动，均以刀具的运动为准，工件看成静止不动，这样可按零件图样直接确定数控铣床（加工中心）刀具的加工运动轨迹，方便编程。

（2）采用右手笛卡尔直角坐标系原则。如图 2-5 所示，张开食指、中指与拇指且三者相互垂直，中指指向+Z 坐标，拇指指向+X 坐标，食指指向+Y 坐标。坐标轴的正方向规定为增加工件与刀具之间距离的方向。旋转坐标轴 A、B、C 的正方向根据右手螺旋法则确定。工件固定，刀具运动时采用上面规定的法则；如工件移动，刀具固定时，正方向反向，并增加上标“′”表示。

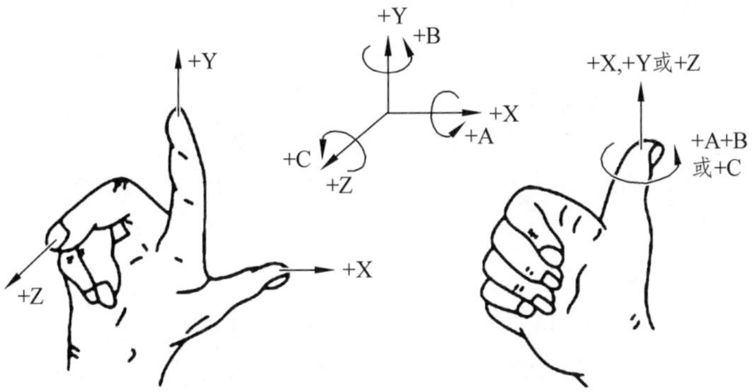


**图 2-5　右手笛卡尔直角坐标系**

其中：

（1）Z 轴：是由传递切削力的主轴决定的。对于铣床、钻床、镗床等，主轴带动刀具旋转，与主轴平行的坐标轴为 Z 轴，刀具进入工件的方向为负方向，而刀具退出的方向为正方向。

（2）X 轴：一般是水平的，与工件装夹基面平行。对于刀具旋转的机床，如铣床、钻床、镗床等，若 Z 轴是垂直的（立式，见图 2-6），当站在工作台前，面向刀具主轴向立柱看时，X 轴的正方向指向右方；如 Z 轴是水平的（卧式，见图 2-7），从主轴向工件方向看时，X 轴的正方向指向右方。

（3）Y 轴：根据 X 和 Z 轴的正向，按右手直角笛卡尔坐标系判断。

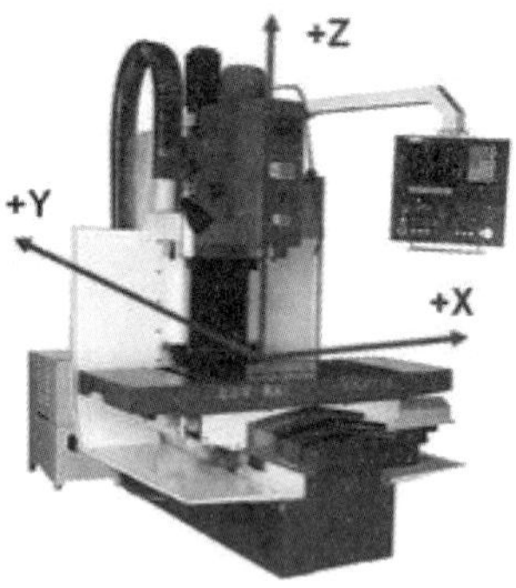


图 2-6　立式铣床坐标系

图 2-7　卧式铣床坐标系

（4）回转运动 A、B、C 轴：表示其轴线相应地平行于 X、Y、Z 坐标轴的回转运动。

（5）附加坐标轴：如果在 X、Y、Z 主要坐标轴外，还有平行于它们的直线运动坐标轴，可分别指定为 U、V、W。如果还有第三组运动，则分别指定为 P、Q、R。

（6）回转坐标轴：绕 X 轴、Y 轴和 Z 轴的旋转轴分别定义为 A、B、C。

（7）主轴旋转运动方向：主轴的顺时针旋转方向（正转）是按照右旋螺纹旋入工件的方向。

对于任何一台数控机床，其运动部件到达某一确定位置时，其机床坐标 X、Y、Z 是唯一的，因此机床坐标系是数控机床运行的唯一基准。

机床坐标系又称为机械坐标系，其原点称为机械原点，是由机床制造商预先确定好的一个固定坐标原点。如果数控系统采用相对位置的检测元件（非刚性编码器）时，数控机床开机后，必须首先通过回参考点操作，使数控机床的运动部件回到这一参考点，建立机械坐标系，之后数控系统便会明确并记忆这一参考点的位置；否则，数控系统会将开机时的位置当作机床原点。

一般情况下，数控机床开机后回一次参考点就可以了，但有些数控机床必须在每次加工前都要再回参考点，特别是在机床进行程序模拟（模拟时，数控系统会记忆程序结束时的坐标，并作为当前锁定位置的坐标）之后，在正式运行程序进行正式加工之前一定要再次回参考点，除非在锁住之前，机床正好处于程序结束时机床应处于的位置；某些机床即使这样也不行，必须重新返回参考点。对于某些机床，即使回了参考点之后还要回 X、Y、Z 负方向偏离一定距离，否则会出现坐标错误。

## 【任务实施】

（1）数控机床的开、关机操作，正确完成手动回原点操作。

（2）小倍率、缓慢进行手动、点动手轮操作，认清机床各轴运动及正方向，理解记忆机床坐标系。

（3）对照课本，全面认识 FANUC0i 系统数控铣床（加工中心）面板功能。

（4）开机后手动回原点操作，并手动操控机床，认识机床坐标系各轴及正方向。

**【任务总结】**

（1）数控机床长期不用时也应定期进行维护保养，至少每周通电空运行一次，每次不少于一个小时，特别是在环境温度较高的雨季更应如此，利用电子元器件本身的发热来驱散数控装置内的潮湿气，保证电子部件性能的稳定可靠。如果数控机床闲置半年以上不用，应将直流伺服电机的电刷取出来，以免化学腐蚀作用使换向器表面腐蚀，换向性能变坏甚至损坏整台电机。机床长期不用还会出现后备电池失效，使机床初始参数丢失或部分参数改变，因此应注意及时更换后备电池。

（2）三轴数控铣床或加工中心使用三根轴来控制运动，三根轴分别定义为 X 轴、Y 轴、Z 轴。通常，X 轴平行于工作台的最长尺寸，Y 轴平行于工作台的最短尺寸，Z 轴是主轴的运动方向。在立式数控铣床或加工中心上，X 轴是工作台的总方向，Y 轴是工作台的横向方向，Z 轴是主轴方向。面对卧式加工中心，则 X 轴是工作台的纵向方向，Y 轴是立柱方向，Z 轴是主轴方向。卧式机床如果在空间上绕 X 轴旋转 90°，就可以看成是立式机床。不过，卧式加工中心的附加特征就是分度轴 B，参见图 2-7。

# 思考与练习

1. 试简述数控机床各种操作模式及功能。
2. MDI 面板上各键的作用是什么?可分为哪几个大类?
3. 试简述机床坐标系的回行原则和机床坐标轴的确定方法。
4. 试说明立式数控铣床或加工中心的各坐标轴及其正方向。
5. 机床坐标原点的设置可以有哪几个位置？哪些是合理的？是否所有的数控机床回原点时，机械坐标均为零。

# 第三章　数控铣削加工工艺分析

## 第一节　铣削工加工内容

数控铣床的加工范围包括各种箱体类和板类零件的加工。它的机械结构除基础部件外，还包括主传动系统和进给传动系统以及液压、气动、冷却等系统和排屑、防护等装置，它还有特殊功能装置，如刀具破损监视、精度检测和监控装置。

铣削加工是机械加工中最常用的加工方法之一，它主要包括平面铣削和轮廓铣削，也可以对零件进行钻、扩、铰、锪及螺纹加工等。图 1-1 所示为铣削加工的基本内容。

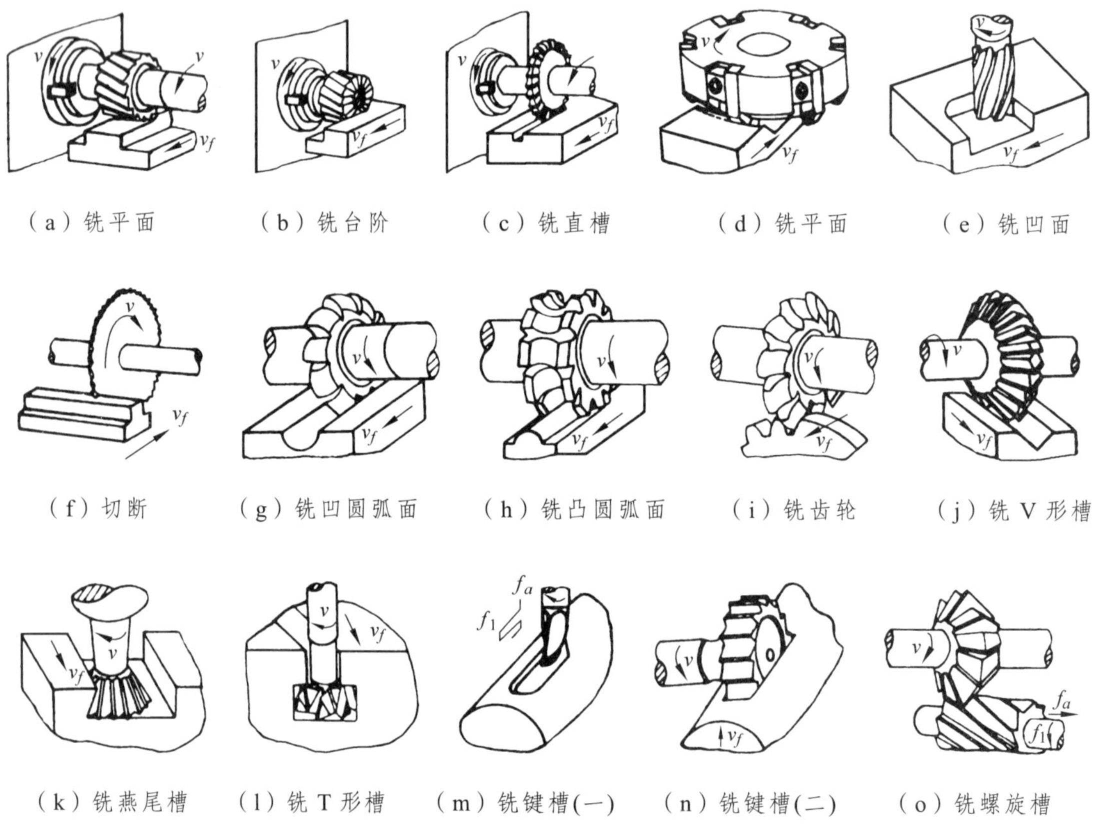


**图 3-1　铣削加工的基本内容**

# 第二节　铣削加工常用工具

铣削加工常用工具包括以下几种。

## 1. 双头扳手

双手扳手用来紧固四方、六方螺母或螺栓。常用的双头扳手两端钳口的规格尺寸有 5 mm × 7mm、5 mm × 10 mm、12 mm × 14 mm、14 mm × 17 mm、17 mm × 19 mm、19 mm × 22 mm、22 mm × 24 mm、24 mm × 27 mm、27 mm × 30 mm、30 mm × 32 mm 等，如图 3-2 所示。使用时，按螺母的对边间距尺寸选择相适应的扳手。紧固螺母时，手握扳手一端使扳手的钳口全部伸入螺母的对边，扳手体与螺母的端面基本处于平行，用力朝副钳口方向将螺母旋紧，如图 3-3 所示。

图 3-2　双头扳手

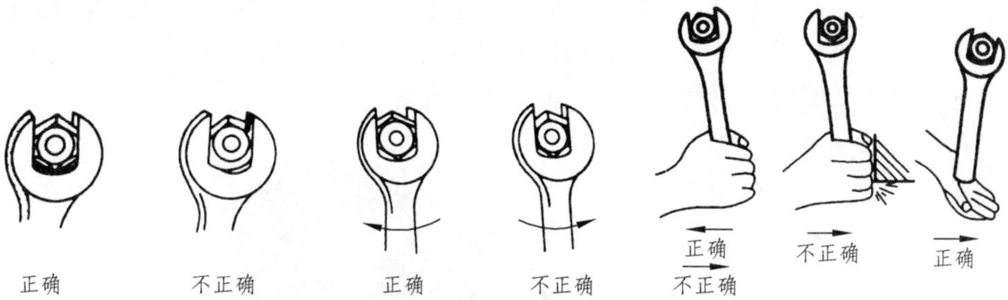


图 3-3　扳手的使用方法

使用注意事项：

（1）多用于拧紧或拧松标准规格的螺栓或螺母。

（2）不可用于拧紧力矩较大的螺母或螺栓。

（3）可以上、下套入或者横向插入，使用方便。

## 2. 活动扳手

活动扳手的规格用扳手体的长度表示，有 3″、4″、6″、8″、12″ 等，如图 3-4 所示。使用时，转动螺杆来调整扳手钳口的张开尺寸，使其与紧固的螺母对边尺寸相适应。紧固螺母时，手握扳手一端使扳手的钳口全部伸入螺母的对边，扳手体与螺母的端面基本处于平行，用力朝活动钳口方向将螺母旋紧。使用扳手时一般不准将其手柄用加套管等方式接长，以免力臂过于增大损坏扳手。

图 3-4　活动扳手

**3. 整体扳手**

整体扳手有六角形扳手和梅花扳手两种，如图 3-5 所示。它用来紧固六角螺栓或螺母。使用时，按螺母的对边尺寸选择相适应的扳手。这种扳手使用时不易滑脱，其中梅花扳手可以在扳动范围较窄的地方使用。

图 3-5　梅花扳手

梅花扳手：适用于拆装 5 ~ 27 mm 范围的螺栓或螺母。每套梅花扳手有 6 件和 8 件两种。

**4. 内六角扳手**

内六角扳手用来紧固圆柱头内六角螺钉，如图 3-6 所示。其规格以六角形对边的尺寸表示，有 3、4、5、6、8、10、12、14、17 等，分别用来旋紧 M3 ~ 24 的内六角螺钉。使用时，手握扳手的一端，将扳手的另一端的头部伸入螺钉内六角方孔内，用力将螺母旋紧。旋紧螺钉时，应避免扳手从螺钉孔中滑脱，以免损坏扳手和螺钉六方孔。

图 3-6　内六角扳手

**5. 带槽圆螺母扳手**

这种扳手用来紧固带槽圆螺母，其规格以紧固的圆螺母直径表示。选用时，先按螺母的外径尺寸选择相适应的扳手，然后手握扳手的柄部，让扳手的舌部伸入螺母的槽中，扳手内圆卡在圆螺母的外圆上，用力将螺母旋紧。不准选用与螺母外径尺寸不相适应的扳手，以免损坏螺母或紧固时扳手滑脱伤手。

**6. 叉形扳手**

这种扳手用来旋紧开槽圆柱头螺钉，在安装铣刀盘或套式端铣刀时，由于螺钉埋入刀盘的台阶孔内，用一般的扳手无法将螺钉旋紧，这时应选用与螺钉开口尺寸相适应的叉形扳手，将刀体紧固。

**7. 拉紧螺杆扳手**

在立铣头上安装立铣刀时，这种扳手用来旋紧拉紧螺杆，紧住铣刀。

## 8. 螺丝刀（又名起子）

螺丝刀用来紧固头部带直沟槽或十字沟槽的螺钉。它由刀体和手柄组成，刀体的头部呈刀口形或十字凸形，如图 3-7 所示。其规格由刀体部分的长度表示，有 100 mm（4″）、150 mm（6″）、200 mm（8″）、300 mm（12″）等，如图 3-8 所示。使用时，按螺钉沟槽的宽度选择相适应的螺丝刀，右手握住螺丝刀的柄部，左手扶住刀体的前部，使刀口摄入螺钉沟槽内，刀口顶部顶在螺钉沟槽底部，右手用力转动手柄，将螺钉旋紧，如图 3-9 所示。

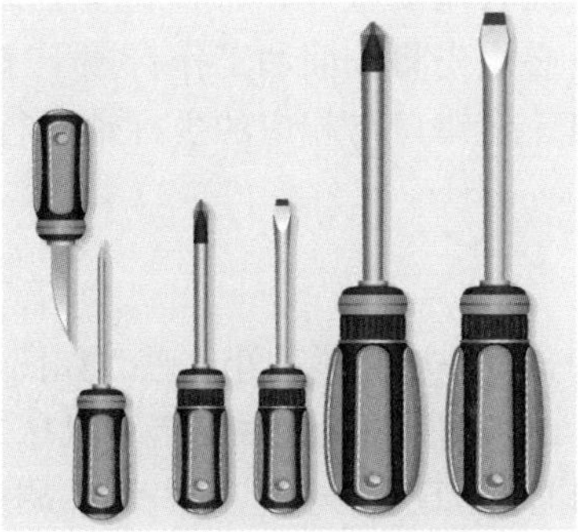

图 3-7　螺丝刀的外形

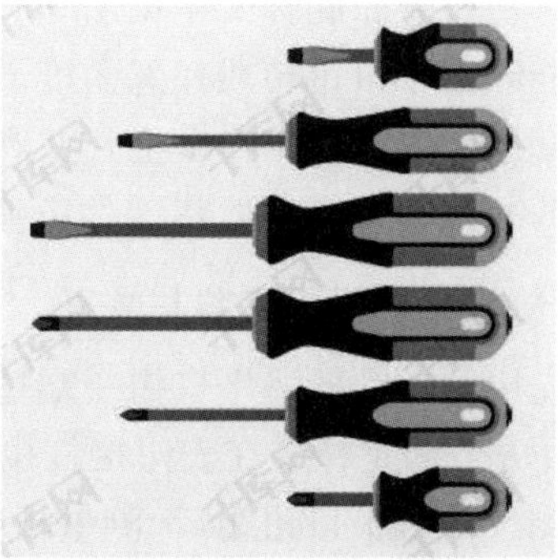

图 3-8　螺丝刀的规格

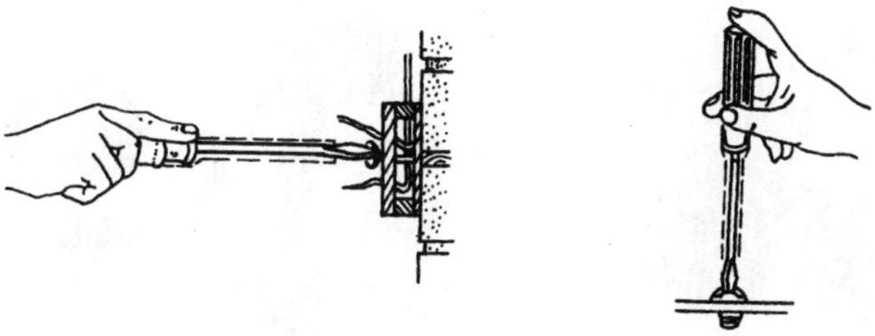

（a）大螺丝刀用法　（b）小螺丝刀用法

图 3-9　螺丝刀的正确使用

## 9. 铜棒

铜棒如图 3-10 所示。它主要用于敲击不允许直接接触的工件表面，不得用力太大。使用时，一般和手锤共用，一手握住铜棒，一手用手锤锤击铜棒另一端。使用时，不可代替锤子和撬棍使用。

图 3-10　铜棒

铣削加工常用工具使用时的注意事项：

（1）应正确掌握各种工具的使用方法，避免因使用不当损坏工具或造成人身事故。

（2）工具使用完毕应擦拭干净，依顺序放入工具箱内。

# 第三节　数控铣床常用夹具和刀具

## 一、数控铣床常用夹具

### （一）机用平口钳装夹工件

数控铣床常用夹具是机用平口钳，适用于中小尺寸和形状规则的工件安装。它是一种通用夹具，一般有非旋转式（见图 3-11）和旋转式两种，前者刚度较好，后者底座上有一个刻度盘，能够把平口钳转成任意角度。在安装平口钳时，必须先将底面和工作台擦干净，用螺栓或配套压板固定在工作台上，并利用百分表校正钳口，使钳口与相应的坐标轴平行，以保证铣削的加工精度，最后将工件正确夹紧在平口钳内。

#### 1. 机用平口钳的安装与校正

首先用紧固螺栓将平口钳一端适当锁紧作为旋转轴，另一端夹紧力小一些。如图 3-12 所示，将百分表固定杆装在表座接杆位置，将磁性开关旋至“ON”位，然后固定于机床主轴上，百分表测头接触平口钳钳口（测量杆应大致与固定平口钳面垂直），作为基准表针并调整为零。手动沿 X 轴往复移动工作台，同时观察百分表的指针，校正钳口对 X 轴的平行度，直至百分表的指针变化范围不超过 0.01 mm，锁紧紧固螺栓后再检验平行度。

图 3-11　非旋转式机用平口钳

图 3-12　百分表与万向磁性表座

#### 2. 机用平口钳的安装工件

平口钳安装好后，把工件放入错口，并在工件的下面垫上比工件窄、厚度适当且加工精度较高的等高垫块，然后把工件夹紧（对于高度方向尺寸较大的工件，不需要加等高垫块而直接装入平口钳）。为了使工件紧密地靠在垫块上，应用铜锤或木锤轻轻地敲击工件，直到用手不能轻易推动等高垫块为止，最后再将工件夹紧在平口钳内。工件应紧固在钳口中间的位置，装夹高度以铣削尺寸高出错口平面 3 ~ 5 mm 为宜。用平口钳夹表面粗糙度值较大的工件时，应在两钳口与工件表面之间垫一层钢皮，以免损坏钳口并能增加接触面（注意：当加工贯通的型腔及孔的加工时，不得切削到等高垫块。如有可能，可考虑更窄的垫块）。

### （二）压板装夹工件

一般采用压板将工件紧固在数控铣床上工作。

对中型、大型和形状比较复杂的零件，一般采用压板将工件紧固在数控铣床工作台面上，如图 3-13 所示。压板装夹工件时所用工具比较简单，主要是压板、垫铁、T 形螺栓及螺母。但为了满足不同形状零件的装夹需要，压板的形状种类也较多。例如：箱体零件在工作台上的安装，通常采用三面安装法，或采用一个平面和两个销孔的方式安装定位，而后用压板压紧固定。

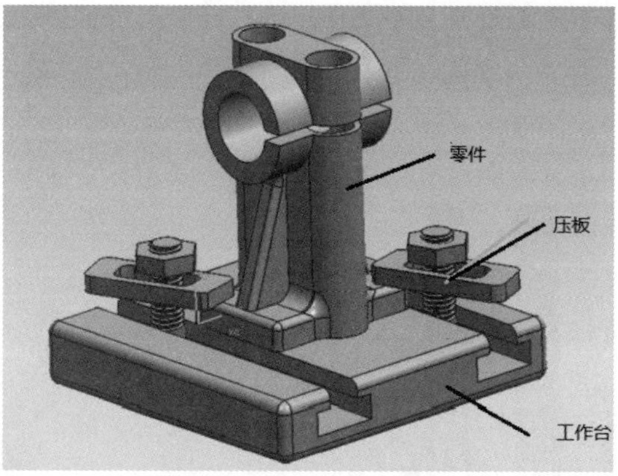


图 3-13　压板装夹工件

## （三）卡盘装夹工件

### 1. 三爪自定心卡盘

三爪自定心卡盘利用均布在卡盘体上的三个活动卡爪的径向移动把工件夹紧和定位，如图 3-14 所示。三爪自定心卡盘能自定中心夹紧圆形、三角形、六边形等各种形状的外表面或内表面的工件，进行各种机械加工，夹紧力可调，定心精度高，能满足普通精度的加工要求。

### 2. 四爪自定心卡盘

四爪自定心卡盘的卡爪有两种：整体爪与分离爪。整体爪是基爪和顶爪为一体的卡爪，如图 3-15 所示。一套整体爪分为四个正爪、四个反爪。而一套分离爪只有四个卡爪，每个卡爪都是由基爪与顶爪构成的，通过顶爪的变换，达到夹持不同工件的目的。因为盘丝上的平面矩形螺纹的螺距相等，所以四爪运动距离相等，有自动定心的作用。

四爪单动卡盘全称是机床用手动四爪单动卡盘，是由一个盘体、四个丝杠、一套卡爪组成的。工作时是用四个丝杠分别带动四爪，因此，常见的四爪单动卡盘不能自动定心，但可以通过调整四爪位置装夹各种矩形或不规则的工件，每个卡爪都可单独运动。

图 3-14　三爪自定心卡盘

图 3-15　四爪自定心卡盘

## 二、数控铣床常用刀具

铣床所用的铣削刀具是一种多刃刀具，铣削是断续切削，切削厚度和切削面积随时在变化，因此，铣削具有一定的特殊性。铣刀的刀齿分布在旋转表面上，其几何形状较复杂，种类较多。按铣刀的材料分为高速钢铣刀、硬质合金铣刀等；按铣刀结构形式分为整体式铣刀、镶齿式铣刀、可转位式铣刀；按铣刀的形状和用途又可分为圆柱铣刀、端铣刀、立铣刀、键槽铣刀、圆角刀、球头铣刀等；铣床中常用的孔加工刀具有中心钻、麻花钻、扩孔钻、锪孔钻、铰刀、镗刀、丝锥等。图 3-16 所示为常见的铣削刀具。

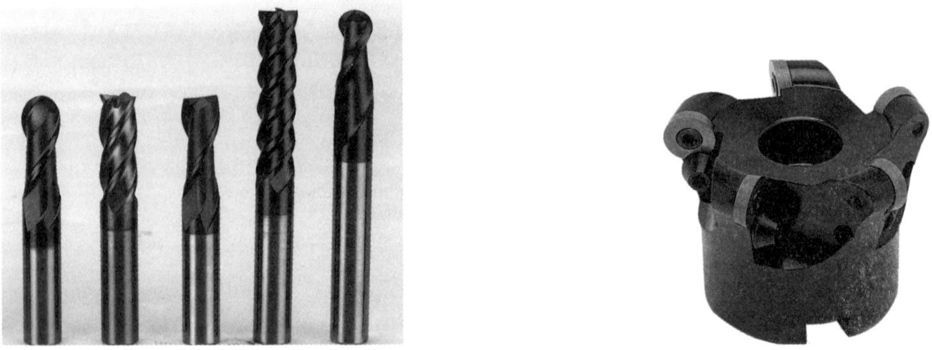

**图 3-16　常见的铣削刀具**

### （一）铣削刀具

#### 1. 面铣刀

如图 3-17 所示，面铣刀圆周方向切削刃为主切削刃，端部切削刃为副切削刃。面铣刀多制成套式镶齿结构，刀齿材料为高速钢或硬质合金，刀体材料为 40Cr。高速钢面铣刀按国家标准规定，直径 $d = 80 \sim 250$ mm，螺旋角 $\beta = 10°$，刀齿数 $z = 10 \sim 26$。

**图 3-17　面铣刀**

硬质合金面铣刀的铣削速度、加工效率和工件表面质量均高于高速钢铣刀，并可加工带有硬皮和淬硬层的工件，因而在数控加工中得到广泛应用。图 3-18 所示为硬质合金面铣刀。

图 3-18 硬质合金面铣刀

由于整体焊接式和机夹焊接式面铣刀难以保证焊接质量，并且刀具耐用度底，重磨较费时，因此硬质合金面铣刀目前已被可转位式面铣刀所取代。

可转位式面铣刀的直径已经标准化，采用公比 1.25 的标准直径系列：16 mm，20 m，25 mm，32 mm，40 mm，50 mm，63 mm，80 mm，100 mm，125 mm，160 mm，200 mm，250 mm，315 mm，400 mm，500 mm，630 mm。

标准可转位式面铣刀的直径为 $\phi$16 mm ~ $\phi$630 mm，应根据侧面吃刀量选择适当的铣刀直径，尽量包容工件整个加工宽度，以提高加工精度和效率，减小相邻两次进给之间的接刀痕迹和保证铣刀的耐用度。

可转位式面铣刀有粗齿、细齿和密齿三种。粗齿铣刀容屑空间较大，常用于粗铣钢件；粗铣带断续表面的铸件和在平稳条件下铣削钢件时，可选用细齿铣刀；密齿铣刀的每齿进给量较小，主要用于加工薄壁铸件。

面铣刀前角的选择原则与车刀基本相同，主要根据工件材料和刀具材料来选择。只是由于铣削时有冲击，故前角数值一般比车刀略小，尤其是硬质合金面铣刀，前角数值减小得更多。铣削强度和硬度都高的材料可选用负前角。

### 2. 立铣刀

立铣刀是数控机床上用得最多的一种铣刀，如图 3-19 所示。立铣刀的圆柱表面和端面上都有切削刃，它们可同时进行切削，也可单独进行切削。

图 3-19 立铣刀

立铣刀圆柱表面的切削刃为主切削刃，端面上的切削刃为副切削刃。主切削刃一般为螺旋齿，这样可以增加切削平稳性，提高加工精度。由于普通立铣刀端面中心处无切削刃，所以立铣刀不能做轴向进给，端面刃主要用来加工与侧面相垂直的底平面。

为了能加工较深的沟槽，并保证有足够的备磨量，立铣刀的轴向长度一般较长。为了改善切屑卷曲情况，增大容屑空间，防止切屑堵塞，立铣刀的齿数比较少，而容屑槽圆弧半径则较大。一般粗齿立铣刀齿数，$z = 3 \sim 4$，细齿立铣刀齿数 $z = 5 \sim 8$，套式结构的立铣刀齿数 $z = 10 \sim 20$，容屑槽圆弧半径 $r = 2 \sim 5$ mm。当立铣刀直径较大时，可制成不等齿距结构，以增强抗振作用，使切削过程平稳。

标准立铣刀的螺旋角 $\beta$ 为 40° ~ 45°（粗齿）和 30° ~ 35°（细齿），套式结构立铣刀的 $\beta$ 为 15° ~ 25°。直径较小的立铣刀一般制成带柄形式。$\phi$2 mm ~ $\phi$71 mm 的立铣刀制成直柄；$\phi$6 mm ~ $\phi$63 mm 的立铣刀制成莫氏锥柄；$\phi$25 mm ~ $\phi$80 mm 的立铣刀做成 7∶24 锥柄，内有螺孔用来拉紧刀具。但由于数控机床要求铣刀能快速自动装卸，故立铣刀柄部形式也有很大不同，一般是由专业厂家按照一定的规范设计制造成统一形式、统一尺寸的刀柄。直径大于 $\phi$40 mm ~ $\phi$60 mm 的立铣刀可做成套式结构。

### 3. 模具铣刀

模具铣刀由立铣刀发展而成，可分为圆锥形立铁刀（圆锥半角 $\alpha/2$ = 3°, 5°, 7°, 10°）、圆柱形球头立铣刀和圆锥形球头立铣刀三种，其柄部有直柄、削平型直柄和莫氏锥柄。它的结构特点是球头或端面上布满了切削刃，圆周刃与球头刃圆弧连接，可以做径向和轴向进给。铣刀工作部分用高速钢或硬质合金制造。国家标准规定直径 $d = 4 \sim 63$ mm。图 3-20 所示为高速钢制造的模具铣刀，图 3-21 所示为用硬质合金制造的模具铣刀。小规格的硬质合金模具铣刀多制成整体结构，$\phi$16 mm 以上制成焊接或机夹可转位刀片结构。

图 3-20　高速钢制造的模具铣刀

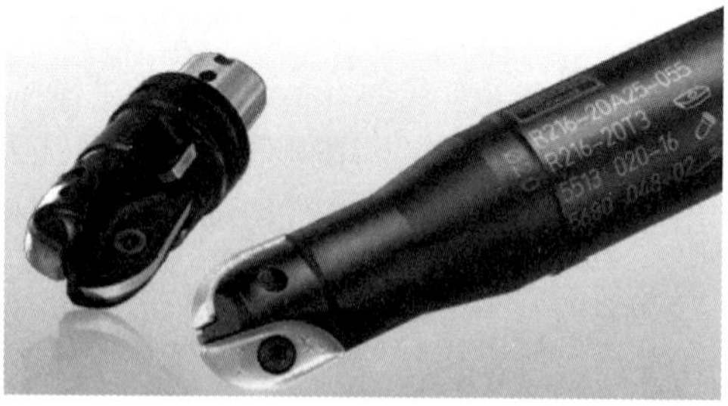


图 3-21　硬质合金模具铣刀

### 4. 键槽铣刀

键槽铣刀如图 3-22 所示，它有两个刀齿，圆柱面和端面都有切削刃，端面刃延长至中心，既像立铣刀，又像钻头。加工时先轴向进给达到槽深，然后沿键槽方向铣出键槽全长。

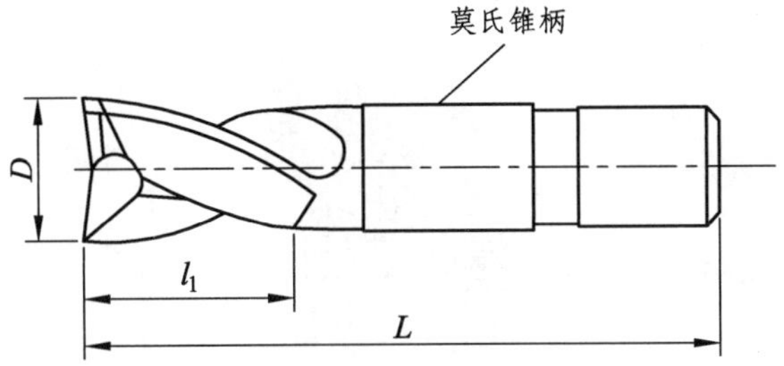


图 3-22　键槽铣刀

国家标准规定，直柄键槽铣刀直径 $D = 2 \sim 22$ mm，锥柄键槽铣刀直径 $D = 14 \sim 50$ mm。键槽铣刀直径的偏差有 e8 和 d8 两种。键槽铣刀的圆周切削刃仅在靠近端面的一小段长度内发生磨损，重磨时，只需刃磨端面切削刃，因此重磨后铣刀直径不变。

**5. 成形铣刀**

成形铣刀一般是为特定形状的工件或加工内容专门设计制造的，如渐开线齿面、燕尾槽和 T 形槽等。常用成形铣刀如图 3-23 所示。

（a）T 形槽铣刀

（b）燕尾槽铣刀

图 3-23　常用的成形铣刀

除了上述几种类型的铣刀外，数控铣床也可使用各种通用铣刀。但因不少数控铣床的主轴内有特殊的拉刀装置，或因主轴内锥孔有别，须配过渡套和拉钉。

## （二）刀柄

数控铣床使用的刀具是通过刀柄与主轴相连的，图 3-24 所示为常见铣刀柄。刀柄与主轴的配合锥面一般采用 7∶24 的锥度。目前国际标准和国家标准规定的型号中，BT-40 和 BT-50 系列为常用的刀柄型号。固定在锥柄尾部且与主轴内拉紧机构相配的拉钉也已标准化，标准中的拉钉分为 A 型和 B 型两种，选用哪种拉钉要根据机床主轴的拉紧机构尺寸确定。刀柄的前部根据所装刀具的不同，配有不同大小孔的夹头，在刀具装夹之前，要将刀柄、拉钉、夹头、铣刀通过专用的卸刀座将其装配完成。图 3-25 与图 3-26 所示为卸刀座与卸刀扳手。

图 3-24　刀柄及弹簧夹头

图 3-25　卸刀座

图 3-26　卸刀扳手

装卸刀具的操作步骤：把刀柄横放在锁刀座上，锁刀座上的键对准刀柄上的键槽，使刀柄无法转动，再利用扳手将拉钉拧紧在刀柄尾部的螺纹孔中；将刀柄立放在锁刀座上，同样将锁刀座上的键对准刀柄上的键槽，使刀柄无法转动，再选一把立铣刀和相对应规格的弹簧夹头，通过弹簧夹头把立铣刀装夹到刀柄中，并利用扳手锁紧螺母，如图 3-27 所示。

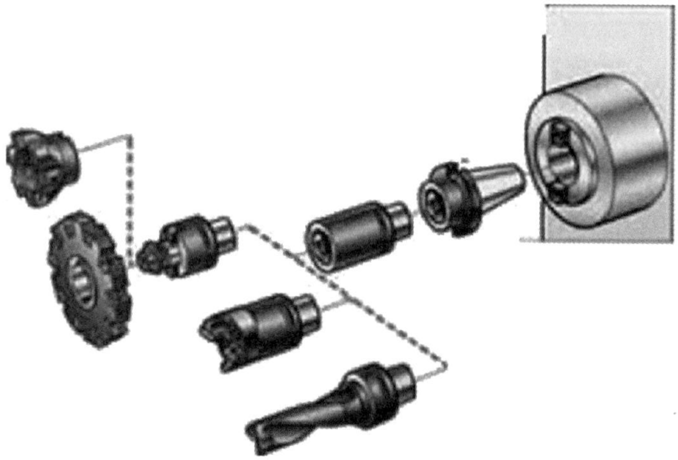

图 3-27　装卸刀具的操作步骤

## 【任务实施】

在数控加工车间进行现场操作，完成相应任务。注意：

（1）在放置平口钳之前，应先将工作台与平口钳擦拭干净，以免影响位置精度。

（2）使用百分表校正平口钳时，应将两侧螺母稍微拧紧，用软榔头敲击平口钳两侧，直至固定钳口与 X 轴的平行度在 0.02 mm 以内，然后将两侧螺母拧紧，拧紧时应注意两侧交替拧紧，直到螺母拧紧（拧紧螺母后，应再次用百分表校正平口钳并固定钳口，以免在拧紧过程中移动平口钳）。

（3）在安装刀具前，应将刀柄、弹簧夹头擦拭干净，以免划伤刀柄的配合表面。

# 第四节　数控铣削加工工艺

## 一、选择并确定数控铣削的加工部位及内容

一般情况下，零件并不是所有表面都需要采用数控加工，应根据零件的加工要求及企业的生产条件进行具体分析，确定具体的加工部位、内容及要求，具体来说以下几种情况适宜采用数控铣削加工：

（1）由直线、圆弧、非圆曲线及列表曲线构成的内外轮廓。

（2）空间曲线或曲面。

（3）形状虽然简单，但尺寸繁多、检测困难的部位。

（4）用普通机床加工时难以观察、控制及检测的内腔、箱体内部等。

（5）有严格位置尺寸要求的孔或平面。

（6）能够在一次装夹中顺带加工出来的简单表面或形状。

（7）采用数控铣削加工能有效提高生产效率、减轻劳动强度的一般加工内容。

而简单的粗加工面、需要用专用工装协调的加工内容等则不宜采用数控铣削加工。在具体确定数控铣削的加工内容时，还应结合企业的设备条件、产品特点及现场生产组织管理方式等具体情况进行综合分析，以优质、高效、低成本完成零件的加工为原则。

## 二、数控铣削加工零件的工艺性分析

零件的工艺性分析是制订数控铣削加工工艺的前提，其主要内容包括以下几个方面。

### （一）零件图及其结构工艺性分析

关于数控加工零件图和结构工艺性分析，下面结合数控铣削加工的特点做进一步说明。

（1）分析零件的形状、结构及尺寸的特点，确定零件上是否有妨碍刀具运动的部位，是否有会产生加工干涉或加工不到的区域，零件的最大形状尺寸是否超过机床的最大行程，零件的刚度随着加工的进行是否有太大的变化等。

（2）检查零件的加工要求，如尺寸加工精度、形位公差及表面粗糙度在现有的加工条件下是否可以得到保证，是否还有更经济的加工方法或方案。

（3）在零件上是否存在对刀具形状及尺寸有限制的部位和尺寸要求，如过渡圆角、倒角、槽宽等，这些尺寸是否过于零乱，是否可以统一。尽量使用最少的刀具进行加工，减少刀具规格、换刀及对刀的次数和时间，以缩短总的加工时间。

（4）对于零件加工中使用的工艺基准应当着重考虑，它不仅决定了各个加工工序的前后顺序，还将对各个工序加工后各个加工表面之间的位置精度产生直接影响。应分析零件上是否有可以利用的工艺基准，对于一般加工精度要求，可以利用零件上现有的一些基准面或基准孔，或者专门在零件上加工出工艺基准。当零件的加工精度要求很高时，必须采用先进的统一基准定位装夹系统才能保证加工要求。

（5）分析零件材料的种类、牌号及热处理要求，了解零件材料的切削加工性能，合理选择刀具材料和切削参数。同时要考虑热处理对零件的影响，如热处理变形，并在工艺路线中

安排相应的工序消除这种影响。而零件的最终热处理状态也将影响工序的前后顺序。

（6）当零件上的一部分内容已经加工完成时，应充分了解零件的已加工状态、数控铣削加工的内容与已加工内容之间的关系，尤其是位置尺寸关系，以及这些内容之间在加工时如何协调，采用什么方式或基准保证加工的精度要求。

（7）构成零件轮廓的几何元素（点、线、面）的条件（如相切、相交、垂直和平行等）是数控编程的重要依据。因此，在分析零件图样时，务必要分析几何元素的给定条件是否充分，发现问题及时与设计人员协商解决。

### （二）零件毛坯的工艺性分析

零件在进行数控铣削加工时，由于加工过程的自动化，故余量的大小、如何装夹等问题在设计毛坯时就要仔细考虑好。如果毛坯不适合数控铣削，加工将很难进行下去。根据实践经验，下列几方面应作为毛坯工艺性分析的重点。

（1）毛坯应有充分、稳定的加工余量。毛坯主要指锻件、铸件。模锻时因欠压量与允许的错模量会造成余量不均；铸造时也会因砂型误差、收缩量及金属液体的流动性差不能充满型腔等造成余量的不等。此外，锻造、铸造后，毛坯的挠曲与扭曲变形量的不同也会造成加工余量不充分、不稳定。因此，除板料外，无论是锻件、铸件还是型材，只要准备采用数控铣削加工，其加工面均应有较充分的余量。经验表明，数控铣削中最难保证的是加工面与非加工面之间的尺寸，这一点应该引起特别重视。如果已确定或准备采用数控铣削加工，就应事先对毛坯的设计进行必要更改或在设计时就加以充分考虑，即在零件图样注明的非加工面处也增加适当的余量。

（2）分析毛坯的装夹适应性。主要考虑毛坯在加工时定位和夹紧的可靠性与方便性，以便再次安装中加工出较多表面。对不便于装夹的毛坯，可考虑在毛坯上另外增加装夹余量或工艺凸台、工艺凸耳等辅助基准。如图 3-28 所示，该工件缺少合适的定位基准，故在毛坏上铸出两个工艺凸耳，在凸耳上制出定位基准孔。

（3）分析毛坯的余量大小及均匀性。主要考虑在加工时要不要分层切削，分几层切削；还要分析加工中与加工后的变形程度，考虑是否应采取预防性措施与补救措施。例如，对于热轧中、厚铝板，经淬火时效后很容易在加工中与加工后变形，最好采用经预拉伸处理的淬火板坯。

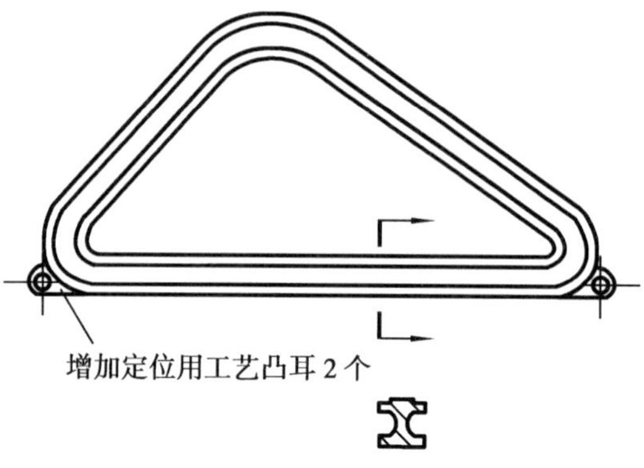


图 3-28　增加辅助基准示例

## 三、数控铣削加工工艺路线的拟定

随着数控加工技术的发展，在不同设备和技术条件下，同一个零件的加工工艺路线会有较大的差别。因此，应从现有加工条件出发，根据工件的形状、结构和特点合理选择加工方法，划分加工工序，确定加工路线和工件各个加工表面的加工顺序，协调数控铣削工序与其他工序之间的关系以及考虑整个工艺方案的经济性等。

### （一）加工方法的选择

数控铣削加工对象的主要加工表面的加工方案如表 3-1 所示。

**表 3-1　加工表面的加工方案**

| 序号 | 加工表面 | 加工方案 | 所使用的刀具 |
|---|---|---|---|
| 1 | 平面内外轮廓 | X、Y、Z 方向粗铣→内外轮廓方向分层半精铣→轮廓高度方向分层半精铣→内外轮廓精铣 | 整体采用高速钢或硬质合金立铣刀；机夹可转位硬质合金立铣刀 |
| 2 | 空间曲面 | X、Y、Z 方向粗铣→曲面 Z 方向分层粗铣→曲面半精铣→曲面精铣 | 整体采用高速钢或硬质合金立铣刀、球头铣刀；机夹可转位硬质合金立铣刀、球头铣刀 |
| 3 | 孔 | 定尺寸刀具加工<br>铣削 | 麻花钻、扩孔钻、铰刀、镗刀<br>整体高速钢或硬质合金立铣刀<br>机夹可转位硬质合金立铣刀 |
| 4 | 外螺纹 | 螺纹铣刀铣削 | 螺纹铣刀 |
| 5 | 内螺纹 | 攻丝<br>螺纹铣刀铣削 | 丝锥<br>螺纹铣刀 |

#### 1. 平面加工方法的选择

在数控铣床上加工平面主要采用端铣刀和立铣刀。粗铣的尺寸精度一般可达 IT11 ~ IT113，表面粗糙度 *Ra* 可达 63 ~ 25；精铣的尺寸精度一般可达 IT8 ~ IT10，表面粗相度 *Ra* 可达 1.6 ~ 6.3。需要注意的是，当零件表面粗糙度要求较高时，应采用顺铣方式。

#### 2. 平面轮廓加工方法的选择

平面轮廓多由直线和圆弧或各种曲线构成，通常采用三坐标数控铣床来进行两轴半联动加工。图 3-29 所示为由直线和圆弧构成的零件平面轮廓 *ABCDEA*，采用半径为 *R* 的立铣刀沿周向加工，虚线 *ABCDEA* 为刀具中心的运动轨迹。为保证加工面光滑，刀具沿 *PA* 切入，沿 *AK* 切出。

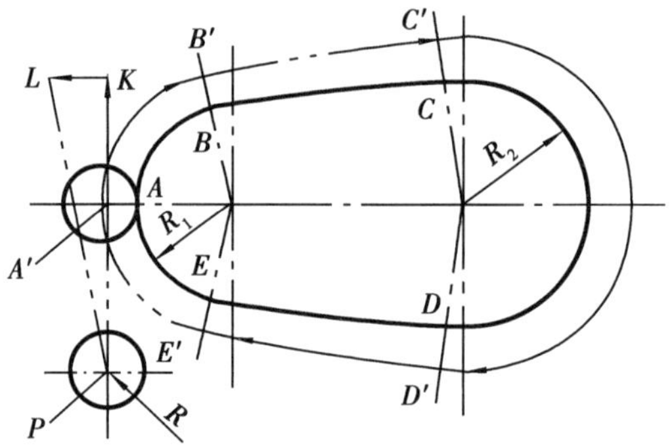


图 3-29　平面轮廓铣削

**3. 固定斜角平面加工方法的选择**

固定斜角平面是与水平面成一固定夹角的斜面，常用的加工方法如下：

（1）当零件尺寸不大时，可用斜垫板垫平后加工。

（2）如果机床主轴可以摆角，则可以摆成适当的定角，用不同的刀具来加工，如图 3-30 所示。

（3）当零件尺寸很大、斜面斜度又较小时，常用行切法加工，但加工后，会在加工面上留下残留面积，需要手工加以清除，用三坐标数控立铣加工飞机整体壁板零件时常用此法。当然，加工斜面的最佳方法是采用五坐标数控铣床，主轴摆角后加工，可以不留残留面积。

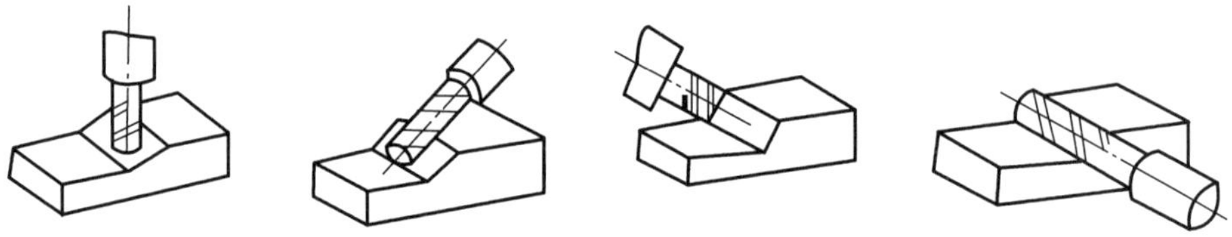

图 3-30　主轴摆角加工固定斜面

**4. 变斜角面加工方法的选择**

（1）对曲率变化较小的变斜角面，选用 X、Y、Z、A 四坐标联动的数控铣床，采用立铣刀。当零件斜角过大，超过机床主轴摆角范围时，可用角度成形铣刀加插补方式摆角加工。

（2）对曲率变化较大的变斜角面，用四坐标联动加工难以满足加工要求时，最好用 X、Y、Z、A、B（或 C）轴的五坐标联动数控铣床，以圆弧插补方式摆角加工。

（3）采用三坐标数控铣床两坐标联动，利用球头铣刀和鼓形铣刀，以直线或圆弧插补方式进行分层铣削加工，加工后的残留面积用手工方法清除，即为图 3-31 所示的用鼓形铣刀铣削变斜角面的情形。由于鼓形铣刀的鼓径可以做得比球头铣刀的球

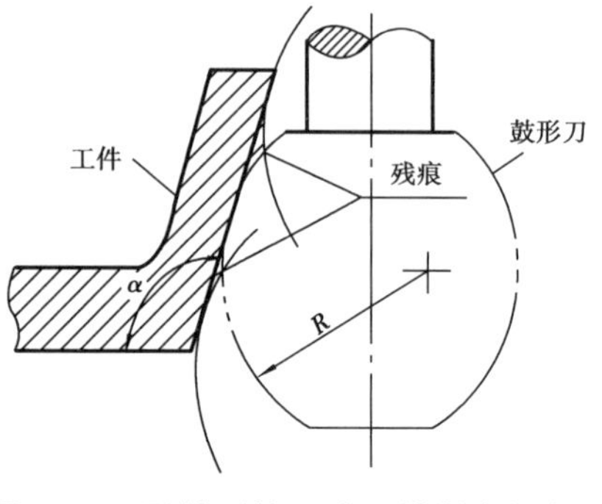


图 3-31　用鼓形铣刀分层铣削变斜角面

径大，所以加工后的残留面积的高度小，加工效果比球头刀好。

**5. 曲面轮廓加工方法的选择**

立体曲面的加工应根据曲面形状、刀具形状以及精度要求采用不同的铣削加工方法，如两轴半、三轴、四轴及五轴等联动加工。

（1）对曲率变化不大和精度要求不高的曲面的粗加工，常用两轴半坐标的行切法加工，即 X、Y、Z 三轴中任意两轴做联动插补，第三轴做单独的周期进给。如图 3-32 所示，将 X 向分成若干段，球头铣刀沿 YZ 面所截的曲线进行铣削，每一段加工完后进给 $\Delta x$，再加工另一相邻曲线，如此依次切削即可加工出整个曲面。在行切法中，要根据轮廓表面粗糙度的要求及刀头不干涉相邻表面的原则选取 $\Delta x$，球头铣刀的刀头半径应选得大一些，有利于散热，但刀头半径应小于内凹曲面的最小曲率半径。

（2）对曲率变化较大和精度要求较高的曲面的精度加工，常用 X、Y、Z 三坐标联动插补的行切法加工。如图 3-33 所示，*Pyz* 平面为平行于坐标平面的一个行切面，它与曲面的交线为 *ab*。由于是三坐标联动，球头刀与曲面的切削点始终处在平面曲线 *ab* 上，可获得较规则的残留沟纹。但这时的刀心轨迹 $O_1O_2$ 不在 *Pyz* 的平面上，而是一条空间曲线。

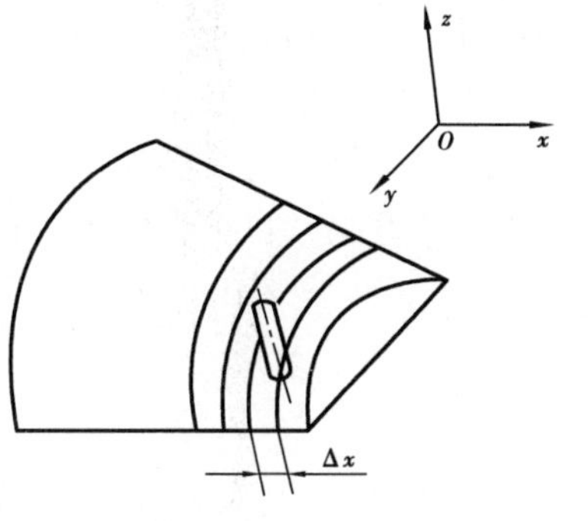


图 3-32　两轴半坐标行切法加工曲面

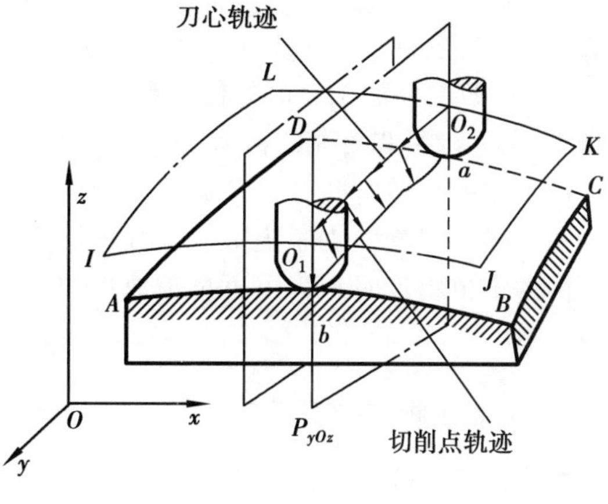


图 3-33　三轴联动行切法加工曲面的切削点轨迹

（3）对叶轮、螺旋桨这样的零件，因其叶片形状复杂，刀具容易与相邻表面干涉，常用五坐标机床联动加工，其加工原理如图 3-34 所示。半径为 $R_1$ 的圆柱面与叶面的交线 *AB* 为螺旋线的一部分，螺旋角为 $\psi_i$，叶片的径向叶形线（轴向割线）*EF* 的倾角 $\alpha$ 为后倾角，螺旋线 *AB* 用极坐标加工方法，并且以折线段逼近。逼近段 *mn* 是由 *C* 轴坐标旋转与 Z 轴坐标位移 $\Delta Z$ 的合成。当 *AB* 加工完后，刀具径向位移（即改变极坐标半径 $R_1$），再加工相邻的另一条叶形线，依次加工即可形成整个叶面。由于叶面的曲率半径较大，所以常采用立铣刀加工，以提高生产率并简化程序。为保证铣刀端面始终与曲面贴合，铣刀还应做由坐标 *A* 和坐标 *B* 形成的摆角运动。在摆角的同时，还应做直角坐标的附加运动，以保证铣刀端面中心始终位于编程值所规定的位置上，所以需要五坐标机床联动加工。这种加工的编程计算相当复杂，一般采用自动编程。

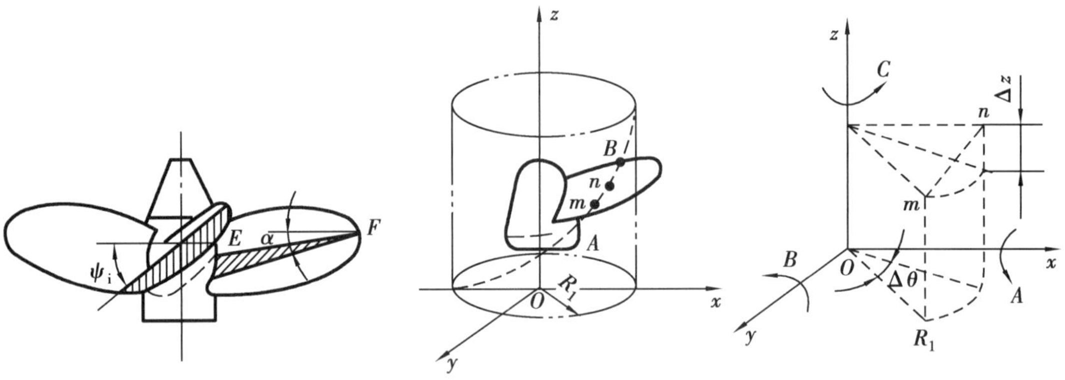


图 3-34　曲面的五坐标机床联动加工

### （二）工序的划分

在确定加工内容和加工方法的基础上，根据加工部位的性质、刀具使用情况及现有的加工条件，将这些加工内容安排在一个或几个数控铣削加工工序中。

（1）当加工中使用的刀具较多时，为了减少换刀次数，缩短辅助时间，可以将一把刀具所加工的内容安排在一个工序（或工步）中。

（2）按照工件加工表面的性质和要求，将粗加工、精加工分为依次进行的不同工序（或工步）。先进行所有表面的粗加工，然后再进行所有表面的精加工。一般情况下，为了减少工件加工中的周转时间，提高数控铣床的利用率，保证加工精度的要求，在数控铣削工序划分的时候，尽量使工序集中。当数控铣床的数量比较多，同时有相应的设备技术措施保证工件的定位精度时，为了更合理地均匀机床的负荷，协调生产组织，也可以将加工内容适当分散。

### （三）加工顺序的安排

在确定了某道工序的加工内容后，要进行详细的工步设计，即安排这些工序内容的加工顺序，同时考虑程序编制时刀具运动轨迹的设计。一般将一个工步编制为一道加工程序，因此，工步顺序实际上也就是加工程序的执行顺序。一般数控铣削采用工序集中的方式，这时工步的顺序就是工序分散时的工序顺序。通常按照从简单到复杂的原则，即：先加工平面、沟槽、孔，再加工外形、内腔，最后加工曲面；先加工精度要求低的表面，再加工精度要求高的部位等。

### （四）加工路径的确定

在确定走刀路径时，对于数控铣削重点考虑以下几个方面：

（1）应能保证零件的加工精度和表面粗糙度要求。铣削有顺铣和逆铣两种方式。顺铣是铣刀旋转方向与工件进给方向相同，逆铣是铣刀旋转方向与工件进给方向相反，如图 3-35 所示。当工件表面无硬皮、机床进给机构无间隙时，应选用顺铣，按照顺铣安排进给路径。因为采用顺铣加工后，零件已加工表面质量好、刀齿磨损小。精铣时，尤其是零件材料为铝镁合金、铁合金或耐热合金时，应尽量采用顺铣。当工件表面有硬皮、机床的进给机构有间隙时，应选用逆铣，按照逆铣安排进给路径。因为逆铣时，刀齿是从已加工表面切入，不会崩刃，机床进给机构的间隙不会引起振动和爬行。

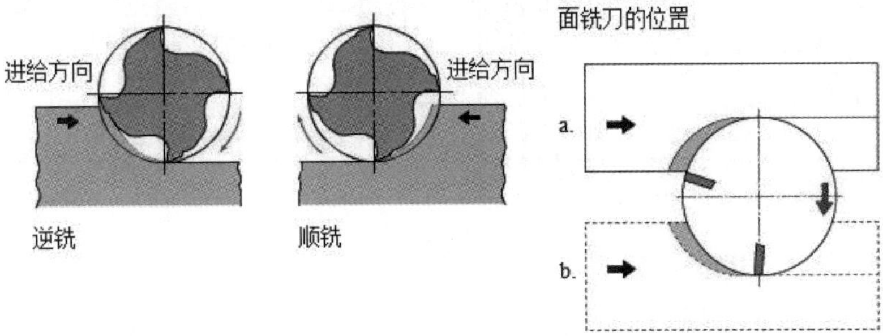


图 3-35　顺铣和逆铣

如图 3-36（a）所示，当铣削平面零件外轮廓时，一般采用立铣刀侧刃切削。切入工件时，不应沿零件外轮廓的法向切入，而应沿外轮廓曲线延长线的切向切入，以避免在切入处产生刀具的痕迹而影响表面质量，从而保证零件外廓曲线平滑过渡。同理，在切离工件时，也应避免在工件的轮廓处直接退刀，而应该沿零件轮廓延长线的切向逐渐切离工件。

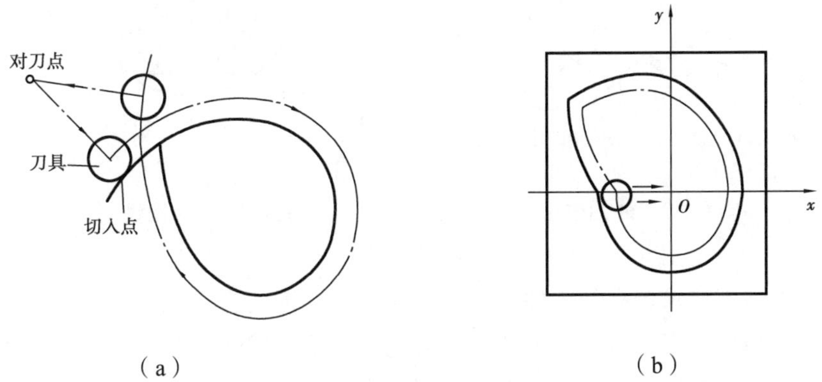


图 3-36　外轮廓与内轮廓加工刀具的切入和切出

铣削封闭的内轮廓表面时，若内轮廓曲线允许外延，则应沿切线方向切入、切出。若内轮廓曲线不允许外延，见图 3-36（b），刀具只能沿内轮廓曲线的法向切入、切出，此时刀具的切入、切出点应尽量选在内轮廓曲线两几何元素的交点处。当内部几何元素相切无交点时，为防止刀补取消时在轮廓拐角处留下凹口，见图 3-37（a），刀具切入、切出点应远离拐角，见图 3-37（b）。

图 3-38 所示为圆弧插补方式铣削外整圆时的走刀路径图。当整圆加工完毕时，不要在切点处直接退刀，而应让刀具沿切线方向多运动一段距离，以免取消刀补时，刀具与工件表面相碰，造成工件报废。

铣削内圆弧时也要遵循从切线方向切入、切出的原则，最好安排从圆弧过渡到圆弧的加工路线，见图 3-39，这样可以提高内孔表面的加工精度和加工质量。

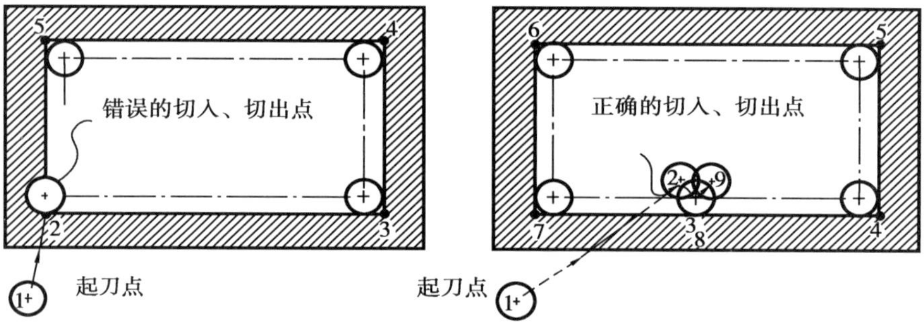


（a）　　（b）

**图 3-37　无交点内轮廓加工刀具的切入和切出**

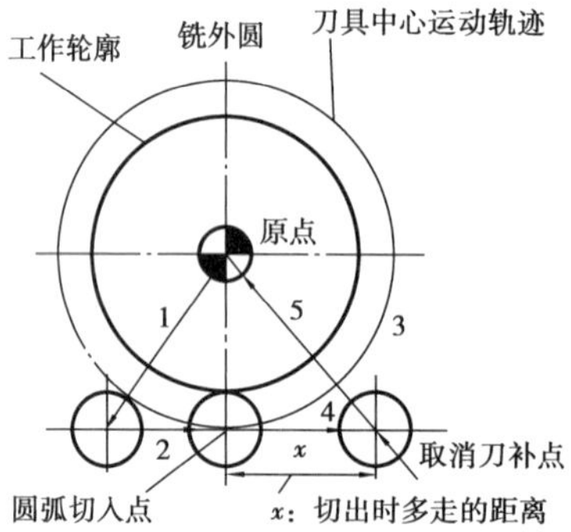


**图 3-38　外圆铣削**

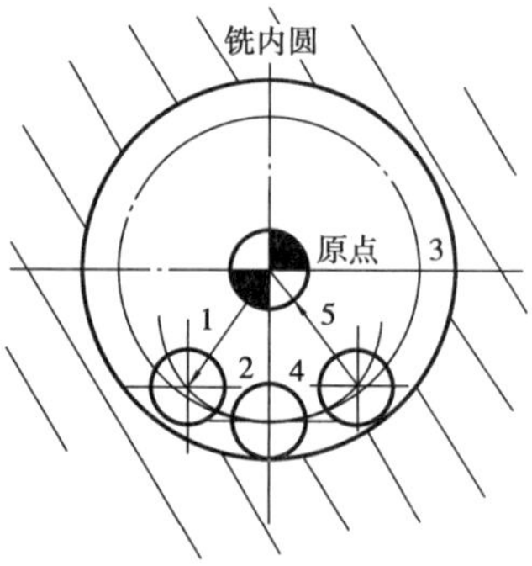


**图 3-39　内圆铣削**

对于孔位置精度要求较高的零件，在精镗孔系时，镗孔路径一定要注意各孔的定位方向要一致，即采用单向趋近定位点的方法，以避免传动系统反向间隙误差或测量系统的误差对定位精度造成影响。例如图 3-40（a）所示的孔系加工路线，在加工孔Ⅳ时，X 方向的反向间隙将会影响Ⅲ和Ⅳ两孔的孔距精度；如果改为图 3-40（b）所示的加工路径，可使各孔的定位方向一致，从而提高孔距精度。

加工零件最终轮廓时，为保证工件轮廓表面加工后的表面粗糙度要求，最终轮廓应安排在最后一次走刀中连续加工出来。

图 3-41（a）所示为用行切方式加工内腔的走刀路径，这种走刀路径能切除内腔中的全部余量，不留死角，不伤轮廓。但行切法将在两次走刀的起点和终点间留下残留高度，从而达不到要求的表面粗糙度。所以如采用图 3-41（b）所示的走刀路线，先用行切法，最后沿周向环切一刀，光整轮廓表面，就能获得较好的效果。图 3-41（c）所示的路径也是一种较好的走刀路径。

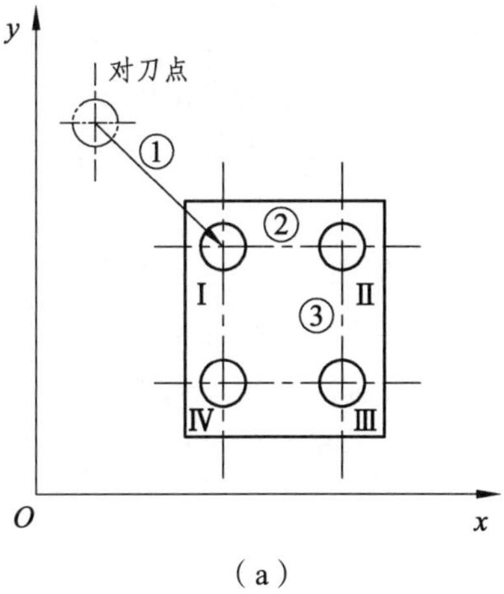


图 3-40　孔系加工路径方案比较

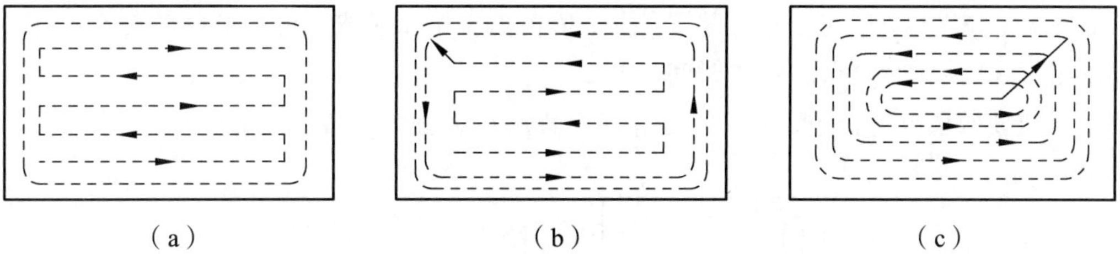


图 3-41　铣削内腔的三种走刀路线

铣削曲面时，常用球头刀采用行切法进行加工。所谓行切法是指刀具与零件轮廓的切点轨迹是一行一行的，而行间的距离是按零件加工精度的要求确定的。对于边界敞开的曲面加工，可采用两种走刀路径方式，如图 3-38 所示。发动机的大叶片加工采用图 3-42（a）所示的加工方案时，每次沿直线加工，刀位点计算简单，程序少。

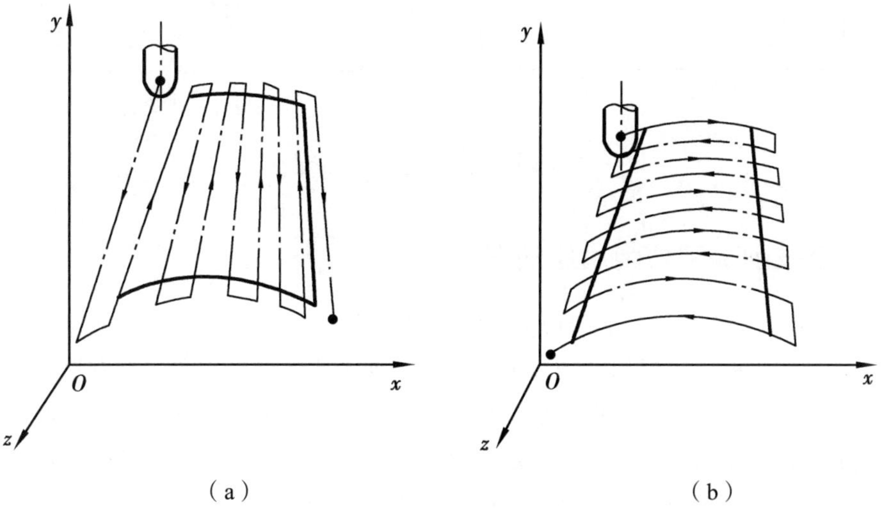


图 3-42　曲面加工的走刀路线

加工过程符合直纹面的形成，可以准确保证母线的直线度：当采用图 3-42（b）所示的加工方案时，符合这类零件数据给出情况，便于加工后检验，叶形的准确度较高，但程序较多。由于曲面零件的边界是敞开的，没有其他表面限制，所以边界曲面可以延伸，球头刀应由边界外开始加工。

此外，轮廓加工中应避免进给停顿。因为加工过程中的切削力会使工艺系统产生弹性变形并处于相对平衡状态，进给停顿时，切削力突然减小，会改变系统的平衡状态，刀具会在进给停顿处的零件轮廓上留下刻痕。为提高工件表面的精度和减小表面粗糙度，可以采用多次走刀的方法，精加工余量一般以 0.2 ~ 0.5 mm 为宜。而且精铣时宜采用顺铣，以减小零件被加工表面的表面粗糙度。

（2）应使走刀路径最短，减少刀具空行程时间，提高加工效率。

图 3-43 所示为正确选择钻孔加工路径的例子。按照一般习惯，总是先加工均布于同一圆周上的 8 个孔，再加工另一圆周上的孔，如图 3-43（a）所示。但是对点位控制的数控机床而言，要求定位精度高、定位过程尽可能快，因此这类机床应按空行程最短来安排走刀路径，如图 3-43（b）所示，以节省加工时间。

（3）应使数值计算简单，程序段数量少，以减少编程工作量。

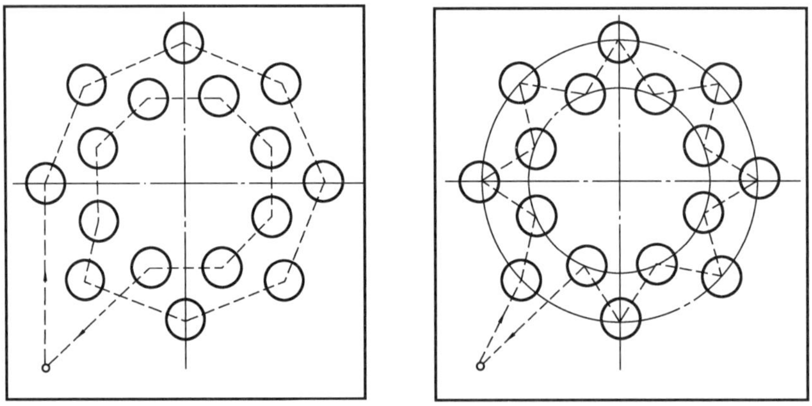

（a）　　（b）

**图 3-43 最短加工路径选择**

## 四、数控铣削加工切削用量的选择

如图 3-44 所示，铣削加工切削用量包括主轴转速（切削速度）、进给速度、背吃刀量和侧吃刀量。切削用量的大小对切削力、刀具磨损、加工质量和加工成本均有显著影响。数控加工中选择切削用量时，就是在保证加工质量和刀具耐用度的前提下，充分发挥机床性能和刀具切削性能，使切削效率最高，加工成本最低。为保证刀具的耐用度，铣削用量的选择方法是：先选取背吃刀量或侧吃刀量，其次确定进给速度，最后确定切削速度。

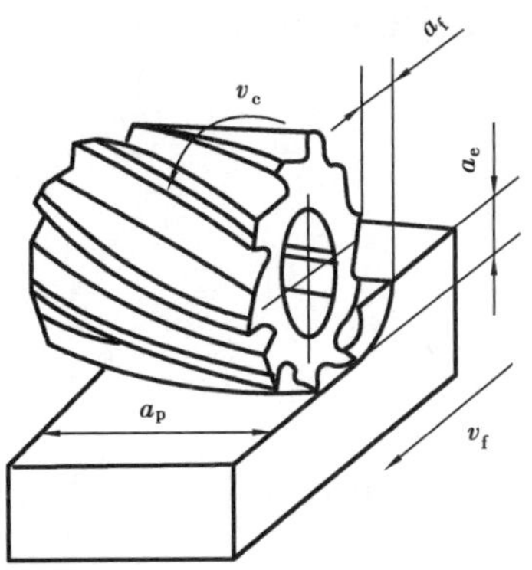


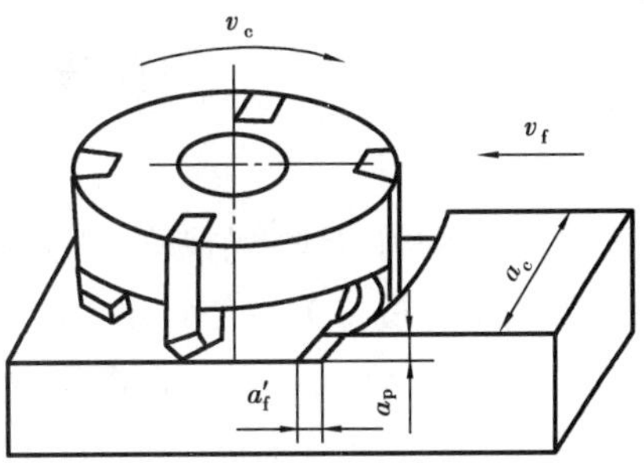


图 3-44　铣削用量

## （一）背吃刀量（端铣）或侧吃刀量（圆周铣）的选择

如图 3-44 所示，背吃刀量 $a_p$ 为平行于铣刀轴线测量的切削层尺寸，单位为 mm。端铣时，$a_p$ 为切削层的深度；而圆周铣削时，$a_p$ 为被加工表面的宽度。

侧吃刀量 $a_e$ 为垂直于铣刀轴线测量的切削层尺寸，单位为 mm。端铣时，$a_e$ 为被加工表面的宽度；而圆周铣削时，$a_e$ 为切削层的深度。

背吃刀量或侧吃刀量的选取主要由加工余量和对表面质量的要求决定。

（1）在工件表面粗糙度值 *Ra* 要求为 12.5 ~ 25 时，如果圆周铣削的加工余量小于 5 mm，端铣的加工余量小于 6 mm，则粗铣一次进给就可以达到要求。当余量较大、工艺系统刚度较差或机床动力不足时，可分两次进给完成。

（2）在工件表面粗精度值 *Ra* 要求为 3.2 ~ 12.5 时，可分粗铣和半精铣两步进行。粗铣时背吃刀量或侧吃刀量选取同前。粗铣后留 0.5 ~ 1.0 mm 余量，在半精铣时切除。

（3）在工件表面粗糙度值 *Ra* 要求为 0.8 ~ 3.2 时，可分粗铣、半精铣、精铣三步进行。半精铣时背吃刀量或侧吃刀量取 1.5 ~ 2 mm；精铣时圆周铣侧吃刀量取 0.3 ~ 0.5 mm，面铣刀背吃刀量取 0.5 ~ 1 mm。

## （二）进给量 $f$ 与进给速度 $v_f$ 的选择

铣削加工的进给量是指刀具旋转一周，工件与刀具沿进给运动方向的相对位移量，单位为 mm/r；进给速度是单位时间内工件与铣刀沿进给方向的相对位移量，单位为 mm/min。进给量与进给速度是数控铣床加工切削用量中的重要参数，须根据零件的表面粗糙度、加工精度要求、刀具及工件材料等因素，参考《切削用量手册》选取。

## （三）切削速度 $v_c$ 的选择

根据已经选定的背吃刀量、进给量及刀具耐用度选择切削速度，单位为 m/min。切削速度可用经验公式计算，也可根据生产实践经验，在机床说明书允许的切削速度围内查阅《切削用量手册》选取。

实际编程中，切削速度 $v_c$ 确定后，还要计算出铣床主轴转速 $n$（单位为 r/min，对有级变速的铣床，须按铣床说明书选择与所计算的转速接近的转速），并填入程序单中。

## 思考与练习

1. 数控铣床常用的刀具类型有哪些？分别有什么用途？

2. 什么是不完全定位、欠定位？定位时应该注意什么？

3. 如图 3-45 所示零件，认真分析图样及技术要求，编制该零件的数控加工工艺卡片，列出刀具卡片。

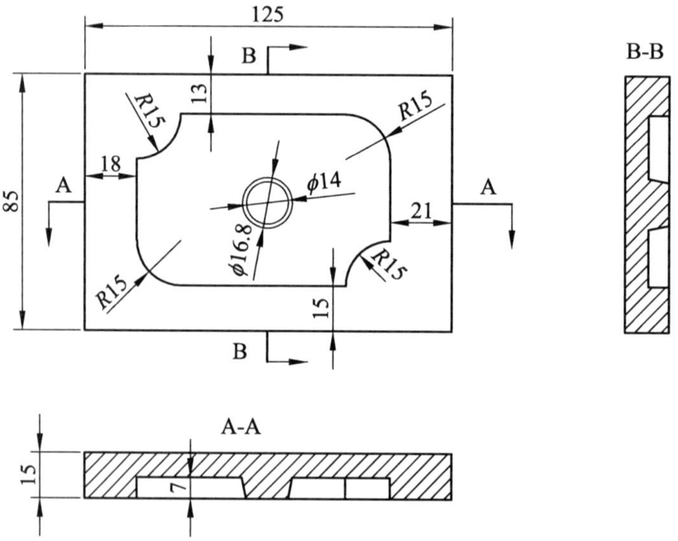


图 3-45　零件图

# 第四章　平面类零件铣削加工

## 一、任务布置

利用 CAXA 制造工程师软件，通过自动编程完成图 4-1 中指定的平面加工，指定平面为零件顶面，毛坯为 80×45×32 的 45 钢块料，并生成 G 代码。

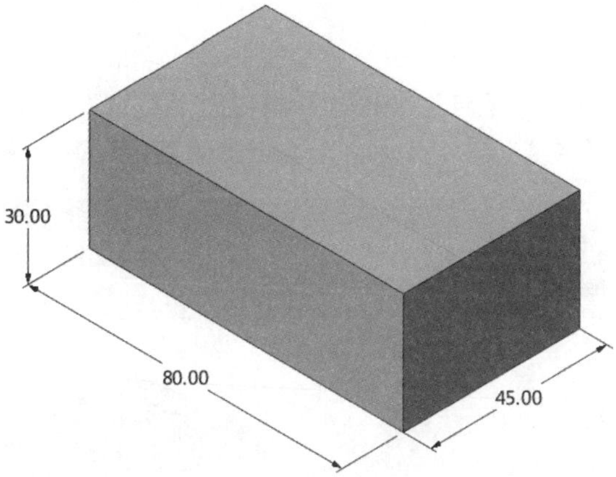


图 4-1　零件简图

## 二、任务分析

该零件为平面体类零件，经过分析，应先进行零件建模，然后进行刀具轨迹生成、仿真验证和 G 代码生成。本次任务要依次用到平面区域粗、精加工。平面区域加工适合 2/2.5 轴粗加工，与区域式粗加工类似，所不同的是该功能支持轮廓和岛屿的分别清根设置，可以单独设置各自的余量、补偿及上下刀信息，而且该功能轨迹生成速度较快。为了使 G 代码能够直接在实际机床上直接使用，零件建模后需要先建立工件坐标系，设立进、退刀点。

## 三、任务实施

### （一）零件建模

（1）打开 CAXA 制造工程师软件，单击制造选项，进入软件操作界面。

（2）单击

曲线选项，选择矩形，进入绘制图形操作，选择“中心_长_宽”模式：中心（0，0，0），长 80，宽 45，单击鼠标右键确认，如图 4-2 所示。

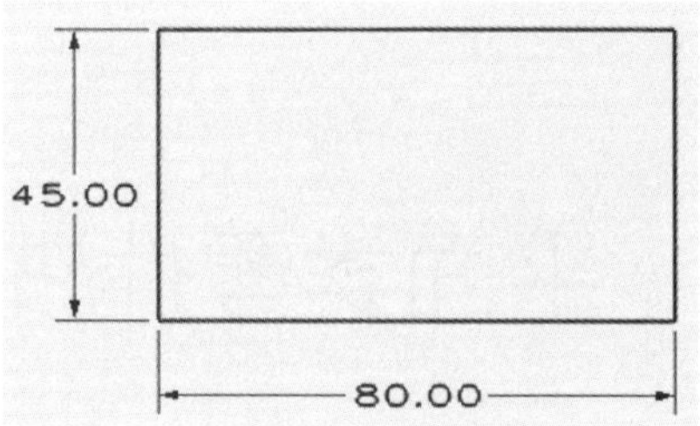


图 4-2　绘制图形

## （二）工艺处理

### 1. 建立工件坐标系

为了使 G 代码能够直接在实际机床上使用，需要建立工件坐标系，实际上在进行建模的时候采用反向拉伸已经将工件坐标系原点设立在工件顶面中心上了。

### 2. 设定毛坯

在加工轨迹管理中，选择“毛坯”，根据零件特征，“类型”选择“矩形”，如图 4-3 所示，选择“拾取两角点”，如图 4-4、图 4-5 所示，并点击“确定”确认参数，如图 4-6 所示。

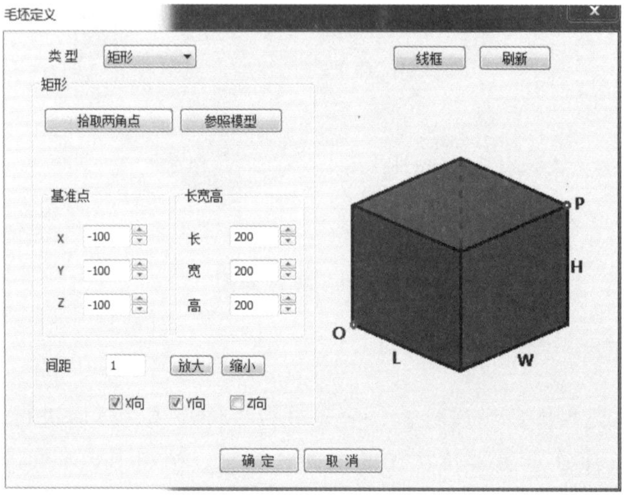


图 4-3　毛坯参数

图 4-4　拾取两点

图 4-5　拾取两点

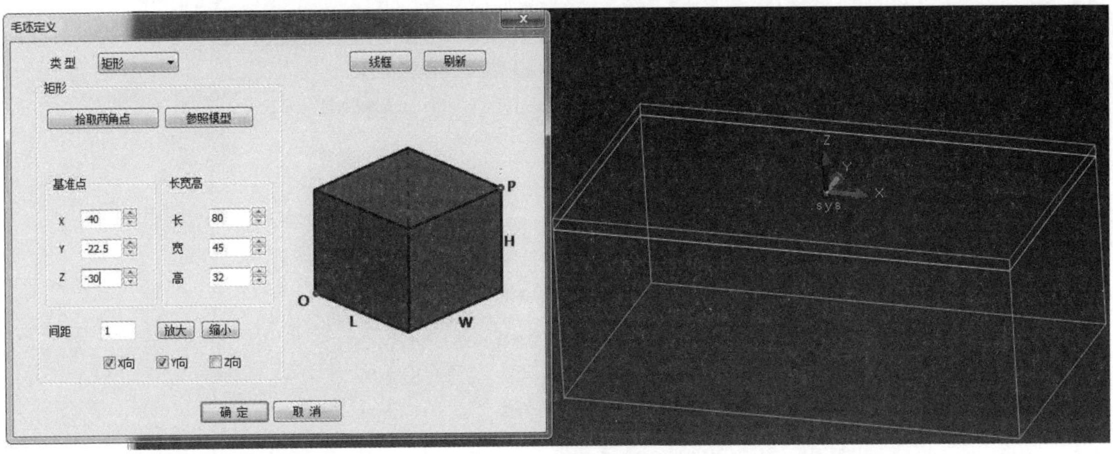


图 4-6　确认参数

## （三）制定加工工艺

（1）平面区域粗加工。

（2）平面轮廓精加工。

## （四）轨迹生成

（1）在轨迹管理中选择，点击右键，点取“加工”→“常用加工”→“平面区域式粗工”菜单项，如图 4-7 所示。

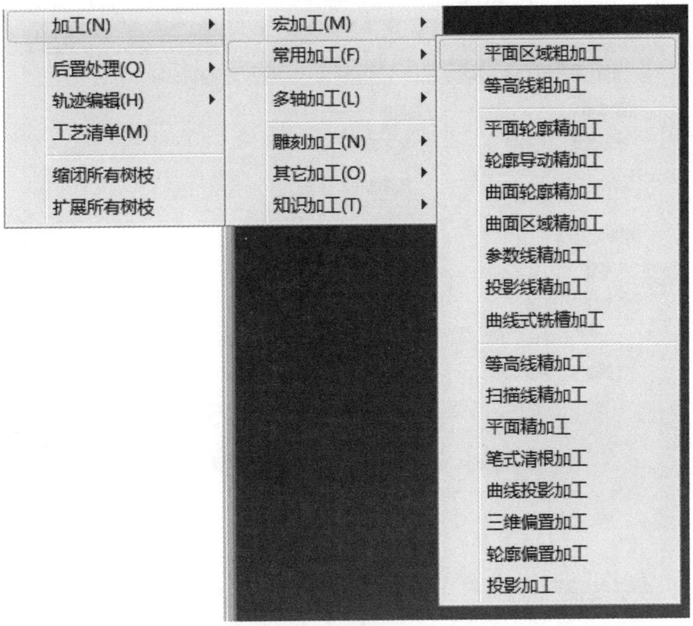


图 4-7　“平面区域粗加工”菜单项

（2）单击“平面区域粗加工”，在加工参数中将“顶层高度”设置为“0”，根据毛坯的实际大小和加工工艺需要，将“底层高度”设置为“-2”，如图 4-8 所示。

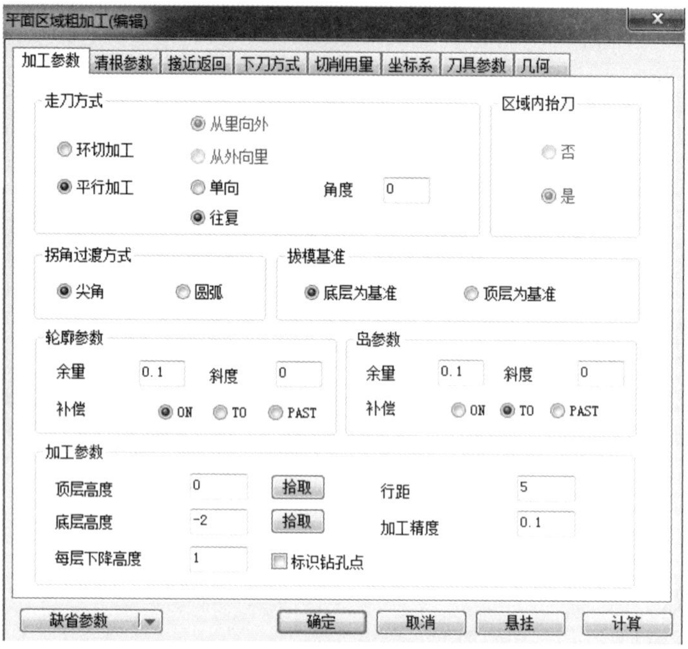


**图 4-8　“平面区域粗加工”对话框**

（3）“清根参数”设置如图 4-9 所示。轮廓清根：延轮廓线清根。轮廓清根余量是指清根之前所剩的量。岛清根：延岛曲线清根。岛清根余量是指清根之前所剩的量。清根进退刀方式：分为垂直、直线、圆弧三种方式。

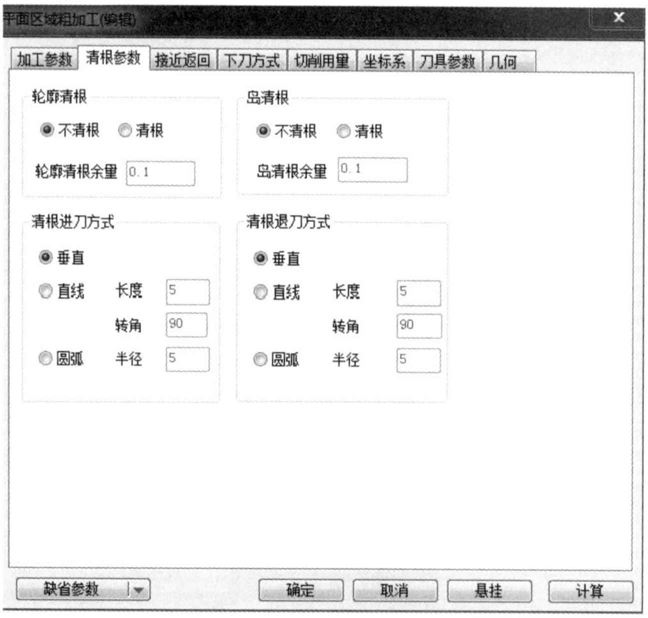


**图 4-9　“清根参数”设置**

（4）“接近返回”参数设置如图 4-10 所示。接近方式：分为“不设定”“直线”“圆弧”和“强制在某一点”的方式。返回方式：分为“不设定”“直线”“圆弧”和“强制在某一点”的方式。

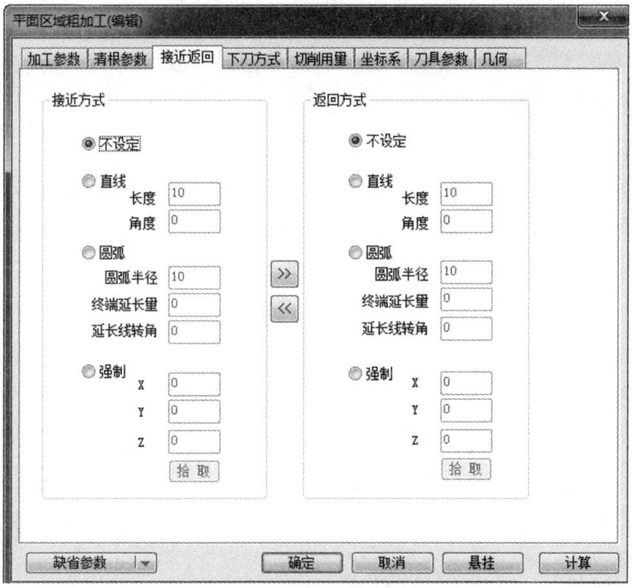


**图 4-10　“接近返回”参数设置**

（5）“下刀方式”参数设置如图 4-11 所示。

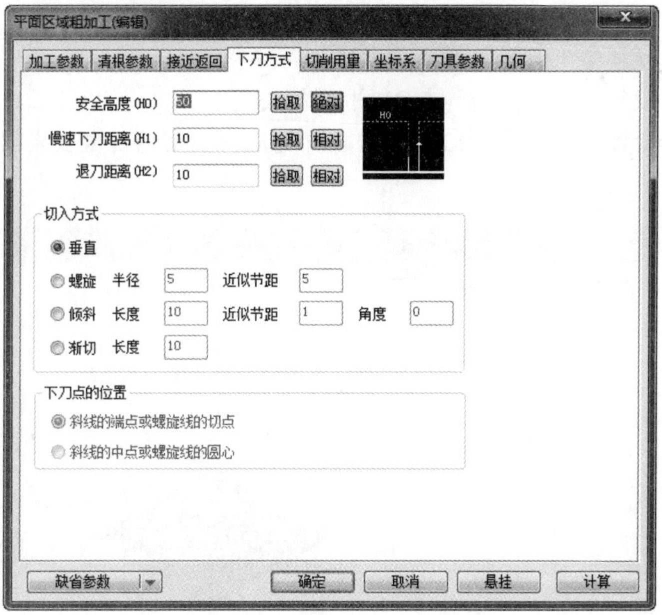


**图 4-11　设置“下刀方式”参数**

① 安全高度：刀具快速移动而不会与毛坯或模型发生干涉的高度，有相对与绝对两种模式，单击“相对”或“绝对”按钮可以实现二者的互换。

相对：以切入或切出或切削开始或切削结束位置的刀位点为参考点。

绝对：以当前加工坐标系的 XOY 平面为参考平面。

拾取：单击后可以从工作区选择安全高度的绝对位置高度点。

② 慢速下刀距离：在切入或切削开始前的一段刀位轨迹的位置长度，这段轨迹以慢速下刀速度垂直向下进给。有相对与绝对两种模式，单击“相对”或“绝对”按钮可以实现二者的互换。

相对：以切入或切削开始位置的刀位点为参考点。

绝对：以当前加工坐标系的 XOY 平面为参考平面。

拾取：单击后可以从工作区选择慢速下刀距离的绝对位置高度点。

③ 退刀距离：在切出或切削结束后的一段刀位轨迹的位置长度，这段轨迹以退刀速度垂直向上进给。有相对与绝对两种模式，单击“相对”或“绝对”按钮可以实现二者的互换。

相对：以切出或切削结束位置的刀位点为参考点。

绝对：以当前加工坐标系的 XOY 平面为参考平面。

拾取：单击后可以从工作区选择退刀距离的绝对位置高度点。

④ 切入方式：此处提供了四种通用的切入方式，几乎适用于所有的铣削加工策略，其中的一些切削加工策略有其特殊的切入切出方式（切入切出属性页面中可以设定）。如果在“切入切出属性”页面里设定了特殊的切入切出方式后，此处的通用切入方式将不会起作用。

垂直：刀具沿垂直方向切入。

螺旋：刀具以螺旋方式切入。

倾斜：刀具以与切削方向相反的倾斜线方向切入。

渐切：刀具沿加工切削轨迹切入。

长度：切入轨迹段的长度，以切削开始位置的刀位点为参考点。

节距：螺旋和倾斜切入时走刀的高度。

角度：渐切和倾斜线走刀方向与 XOY 平面的夹角。

（6）切削用量参数设置如图 4-12 所示，根据毛皮材质与粗糙度要求对主轴转速、切削速度进行设置。

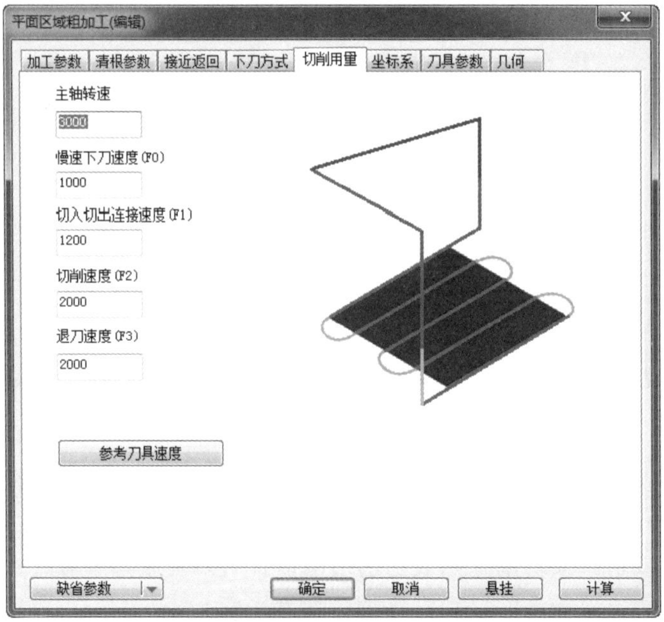


图 4-12　设置“切削用量”参数

（7）刀具参数设置如图 4-13 所示，选择“立铣刀”，直径为 10。

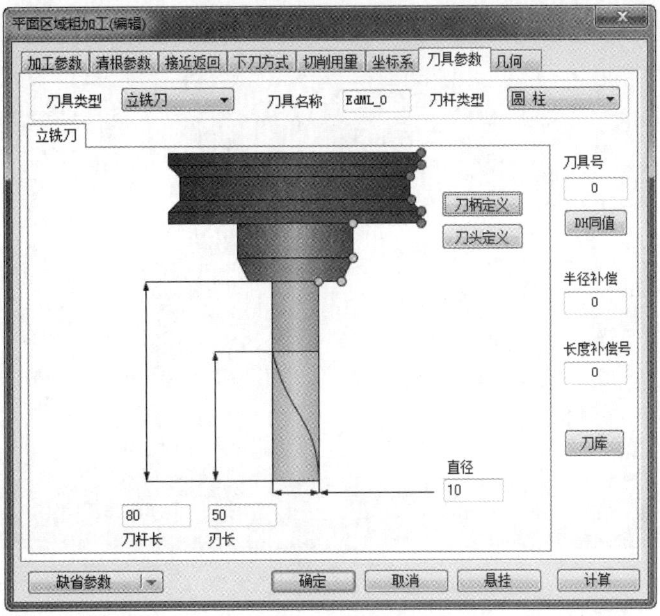


图 4-13　设置“刀具”参数

（8）几何设置如图 4-14 所示。拾取轮廓线：填写完参数表格后，系统提示“拾取轮廓”。拾取轮廓线可以利用曲线拾取工具菜单。轮廓线走向拾取：拾取第一条轮廓线后，此轮廓线变为红色的虚线，系统给出提示“选择方向”，要求用户选择一个方向，此方向表示刀具的加工方向，同时也表示拾取轮廓线的方向，如图 4-15、图 4-16 所示。

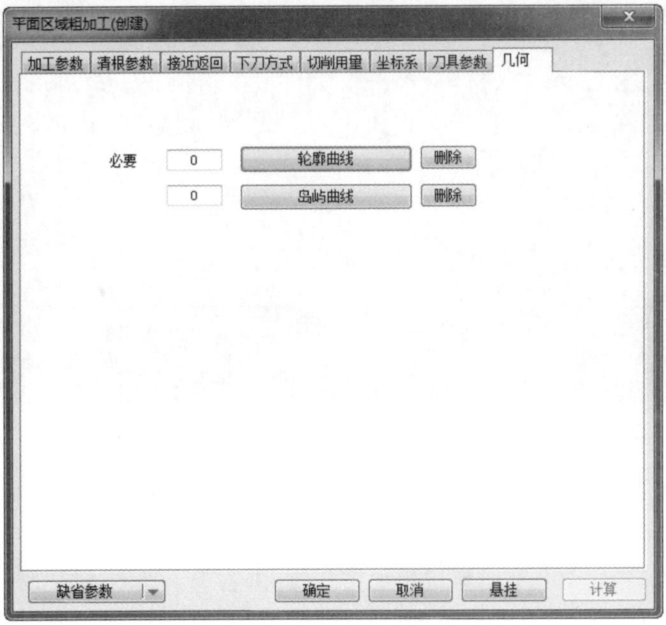


图 4-14　几何设置

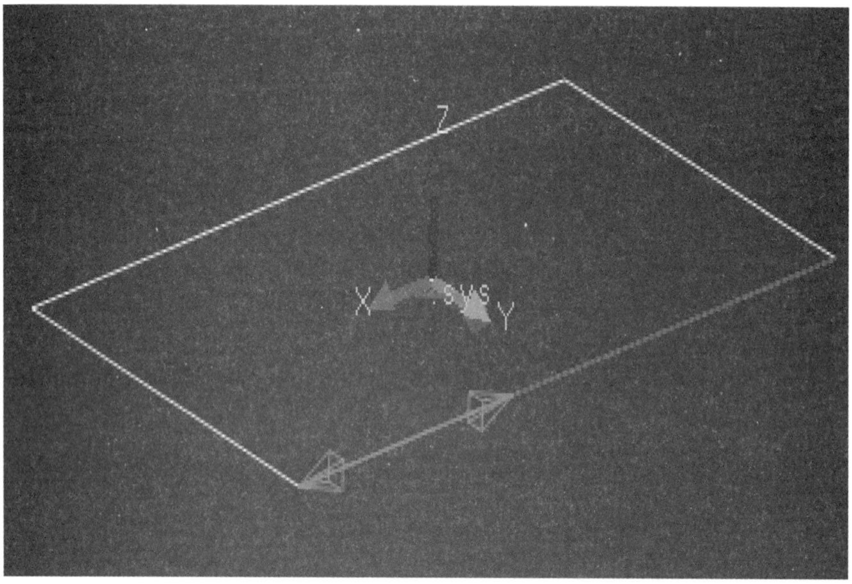


图 4-15　选择刀具的加工方向（一）

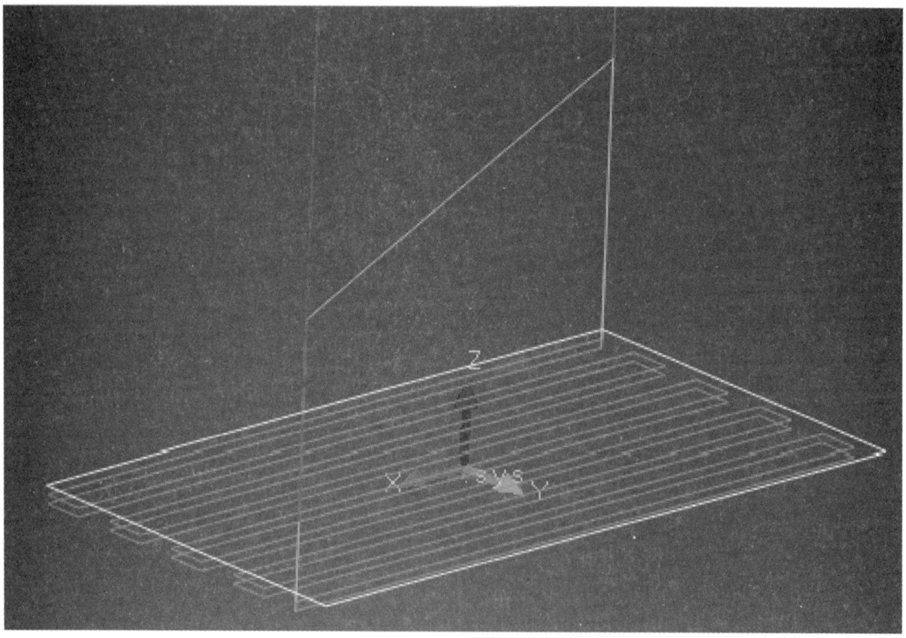


图 4-16　选择刀具的加工方向（二）

（9）轨迹仿真。精加工部分可采用平面轮廓精加工，具体方法参考平面区域粗加工轨迹生成，经过上述操作步骤后能得到平面精车轨迹。

在轨迹管理中，单击“1-平面区域粗加工”，点击右键，如图 4-17 所示。选择实体仿真，如图 4-18 所示，将得到的刀具轨迹进行仿真验证。

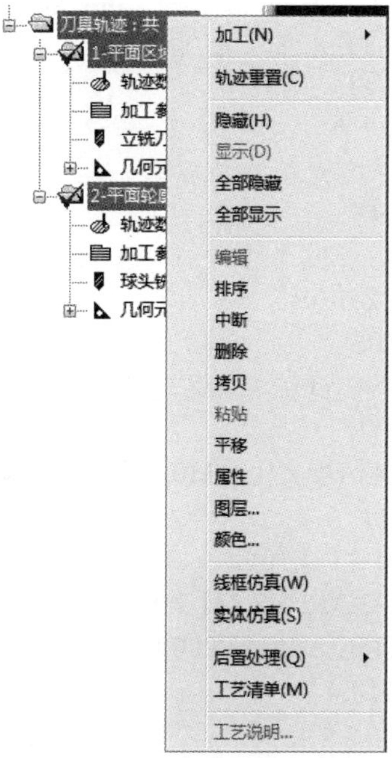


图 4-17 “轨迹管理”菜单

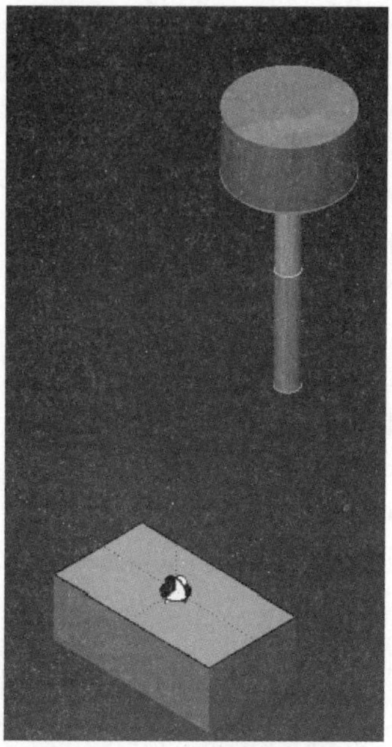

图 4-18 轨迹仿真

## （五）后置处理与生成 G 代码

在轨迹管理中，单击“1-平面区域粗加工”，点击右键，选择后置处理，选择“生成 G 代码”，如图 4-19 所示，获取加工程序。

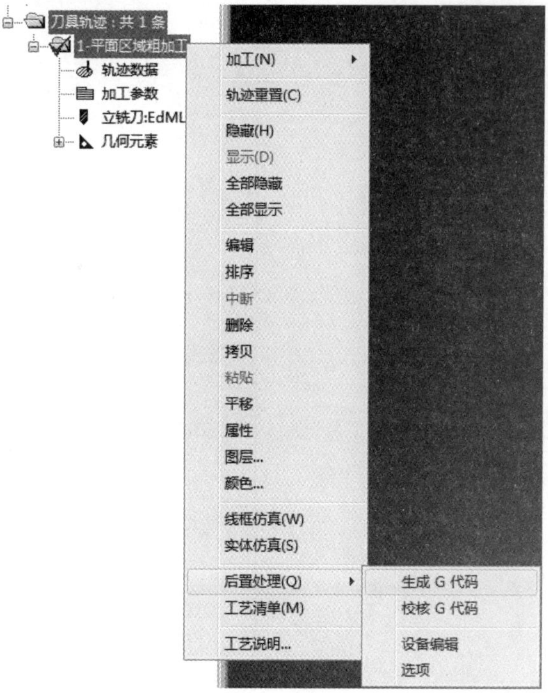


图 4-19 生成 G 代码

该零件 G 代码如下：

```
%
O1200
N10 G90 G54 G0 X-39.9 Y-22.4 S3000 M03
N12 G43 H0 Z100. M08
N14 Z9.
N16 G1 Z-1. F1000
N18 X39.9 F2000
N20 Y-17.4
N22 X-39.9
N24 Y-12.4
N26 X39.9
N28 Y-7.4
N30 X-39.9
N32 Y-2.4
N34 X39.9
N36 Y2.6
N38 X-39.9
N40 Y7.6
N42 X39.9
N44 Y12.6
N46 X-39.9
N48 Y17.6
N50 X39.9
N52 Z9.
N54 G0 Z29.
N56 X-39.9 Y-22.4 Z28.
N58 Z8.
N60 G1 Z-2. F1000
N62 X39.9 F2000
N64 Y-17.4
N66 X-39.9
N68 Y-12.4
N70 X39.9
N72 Y-7.4
N74 X-39.9
N76 Y-2.4
N78 X39.9
N80 Y2.6
N82 X-39.9
N84 Y7.6
N86 X39.9
N88 Y12.6
N90 X-39.9
N92 Y17.6
N94 X39.9
N96 Z8.
N98 G0 Z100.
N100 M05
N102 G90 G54 G0 X35.9 Y18.4 S3000 M03
N104 G43 H0 Z100. M08
N106 Z11.
N108 G1 Z1. F1000
N110 X33.312 Y8.741 Z0.
N112 X35.9 Y18.4 F2000
N114 Y-18.4
N116 X-35.9
N118 Y18.4
N120 X35.9
N122 Z10.
N124 G0 Z100.
N126 M05
N128 M30
%
```

# 思考与练习

根据现有条件，制定合理的加工工艺方案，选用合适的刀具，完成图 4-20 所示零件的加工。

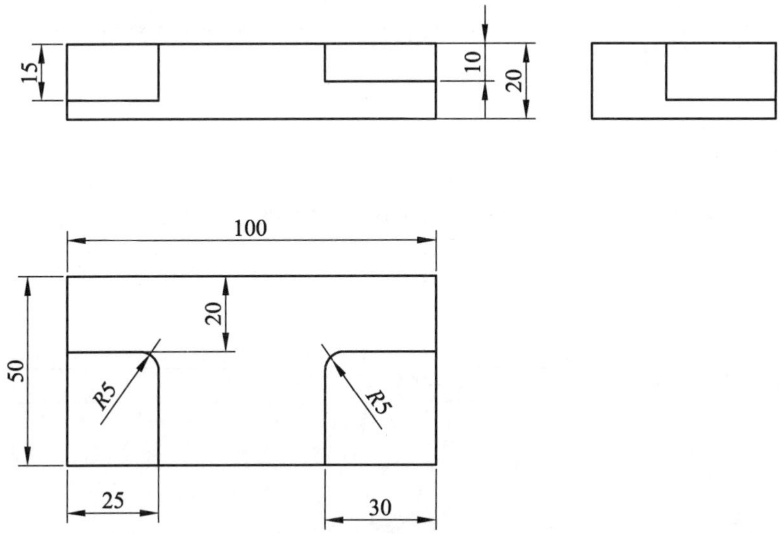


图 4-20

# 第五章　槽类零件铣削加工

## 一、任务布置

利用 CAXA 制造工程师软件，完成图 5-1 所示零件的自动编程，毛坯为 127 × 83 × 12 的 45 钢块料，并生成 G 代码。

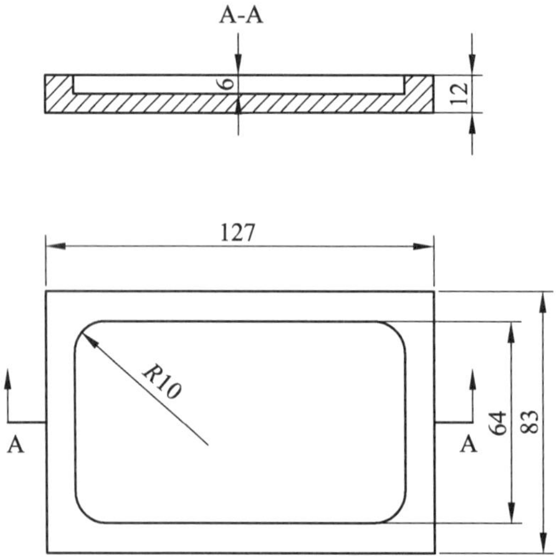


图 5-1　零件图

## 二、任务分析

该零件为简单的槽类零件，经过分析，毛坯尺寸为 127 mm × 83 mm × 12 mm，毛坯中部含有一个单槽型腔，型腔尺寸为 108 mm × 64 mm × 6 mm，四个角做倒圆角处理，圆角为 R10，应先进行零件建模，然后进行刀具轨迹生成、仿真验证和 G 代码生成等步骤。由于图纸上没有标注表面粗糙度，所以本次任务仅采用“平面区域粗加工”对零件进行直接加工。为了使 G 代码能够直接在实际机床上使用，零件建模后需要先建立工件坐标系，设立进退刀点。

## 三、任务实施

### （一）零件建模

（1）单击零件特征树的“平面 XY”，选定该平面为草图基准面。

（2）单击按钮，进入草图状态，单击按钮，作矩形，选择“中心_长_宽”模式：中心（0，0，0），长 125，宽 83。

（3）单击按钮，退出草图状态。

（4）单击按钮，在对话框中输入深度值 12，选择反向拉伸，单击“确定”，得到零件模型，如图 5-2 所示。

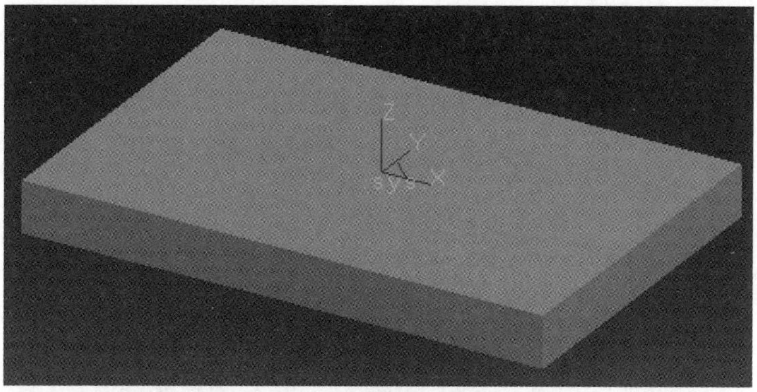


图 5-2　零件模型

## （二）工艺处理

### 1. 建立工件坐标系

为了使 G 代码能够直接在实际机床上使用，需要建立工件坐标系，实际上在进行建模的时候采用反向拉伸已经将工件坐标系原点设立在工件顶面中心上了。

### 2. 设定毛坯

选择“加工轨迹”栏，选择“毛坯”，进行自定义毛坯，参数如图 5-3 所示。

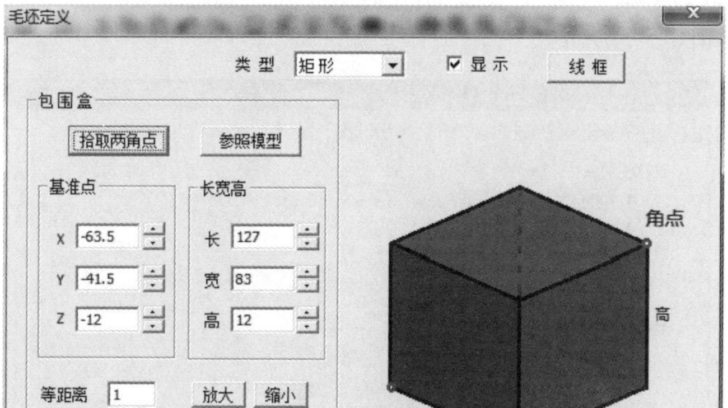


图 5-3　设定毛坯参数

### 3. 设定安全高度

在“加工参数”中进行设定，安全高度为 100（默认）。

### （三）设置曲线轮廓

（1）单击零件特征树的“平面 XY”，选定该平面为草图基准面。

（2）单击按钮，进入草图状态，单击按钮，作矩形，选择“中心_长_宽”模式：中心（0，0，0），长 108，宽 64。

（3）单击按钮，进入曲线过渡设置，将矩形四个角进行倒角，最终图形如图 5-4 所示。

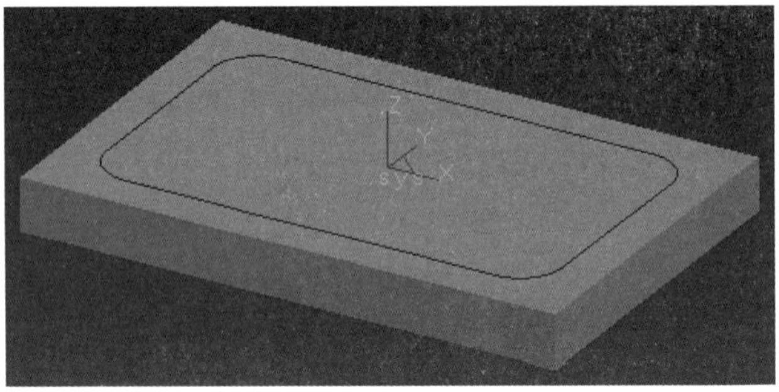


图 5-4　毛坯最终效果图

### （四）加工参数设置

选择“加工-常用加工-平面粗加工”，依次进行以下设置：

（1）加工参数：

① 走刀方式：选择环切加工，从里向外走刀。

② 拐角过渡方式：圆弧过渡。

③ 加工参数：顶层高度为 0，底层高度为槽的深度，输入“-6”，行距和每层下降高度可以根据需求进行自行调整。

具体参数设置如图 5-5 所示。

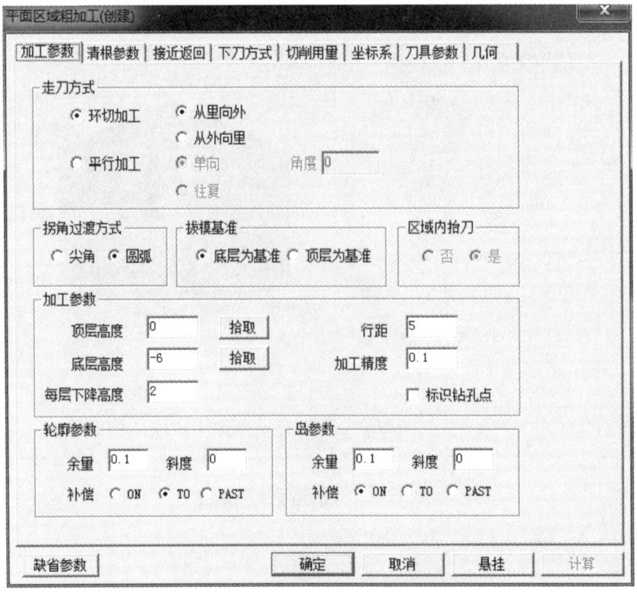


图 5-5　设置“加工参数”

（2）切削用量。根据零件的要求进行选择（见图 5-6），选择规则如下（尽可能使用默认速度）：

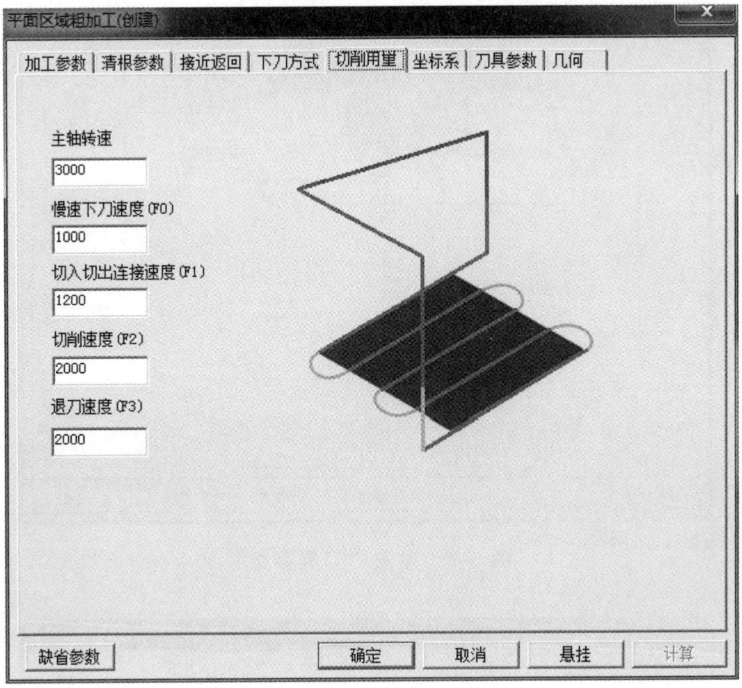


**图 5-6　设置“切削用量”**

① 粗车时，切削深度和进给量均较大，故选择较低的切削速度；精车时，则选择较高的切削速度。

② 工件材料的加工性能较差时，应选较低的切削速度，故加工灰铸铁的切削速度应较加工中碳钢低，而加工铝合金和铜合金的切削速度则较加工钢高得多。

③ 刀具材料的切削性能越好时，切削速度也可以选得越高。因此，硬质合金刀具的切削速度可选得比高速钢高度好几倍，而涂层硬质合金、陶瓷、金刚石刀具的切削速度又可选得比硬质合金刀具高许多。

（3）坐标系：可以选择“新建坐标系”，也可以使用默认坐标系，此处我们使用默认坐标系。

（4）刀具参数：根据加工形状选择合适的刀具，由于这里加工的零件倒角为 $R10$，且一直连接到底面，因此选择立铣刀，直径为 10 mm，具体操作如图 5-7 所示。

（5）几何设置：根据加工的零件形状，单击“轮廓曲线”，然后点击曲线轮廓两处，设置好轮廓曲线，如图 5-8 所示。

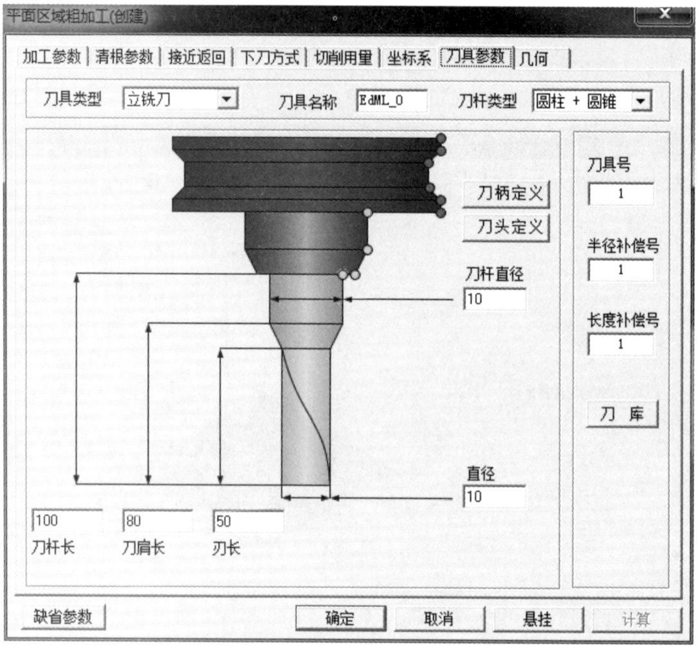


图 5-7　设置“刀具参数”

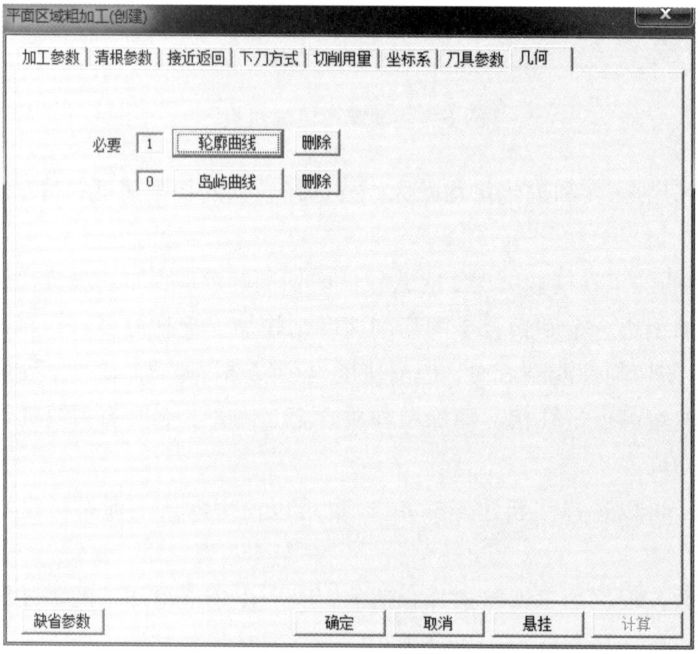


图 5-8　设置轮廓曲线

## （五）生成加工轨迹

点击“确定”，生成加工轨迹，如图 5-9 所示。其中，红色为进刀轨迹，白色为退刀轨迹，绿色为加工刀路轨迹。

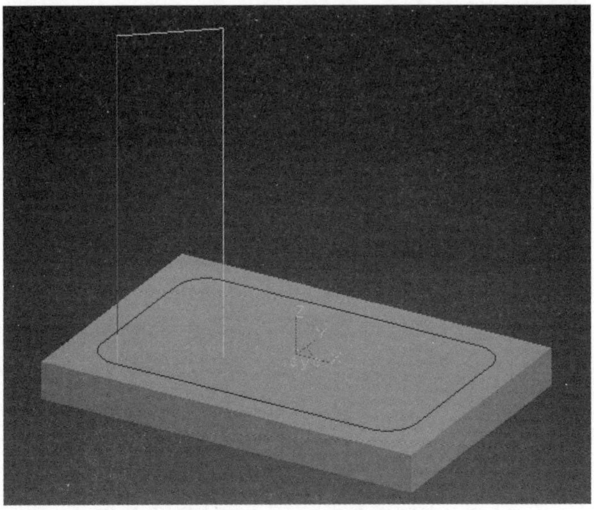

图 5-9　生成加工轨迹

## （六）实体仿真

选择“平面区域粗加工-实体仿真”，单击“开始”按钮，进行实体仿真。仿真过程如图 5-10 所示，仿真过程中，对仿真结果（见图 5-11）进行判断是否符合设计的需求。

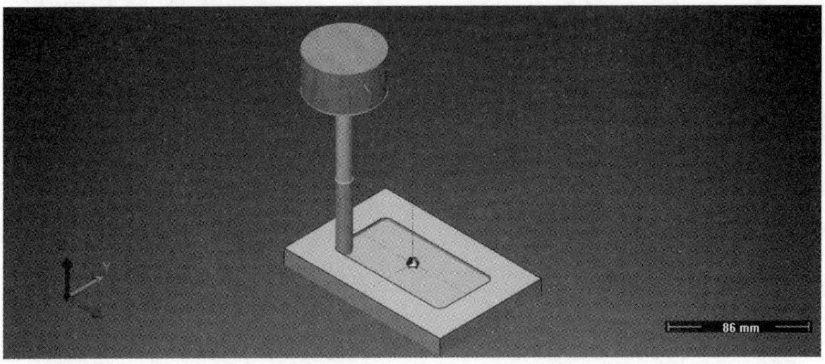


图 5-10　实体仿真

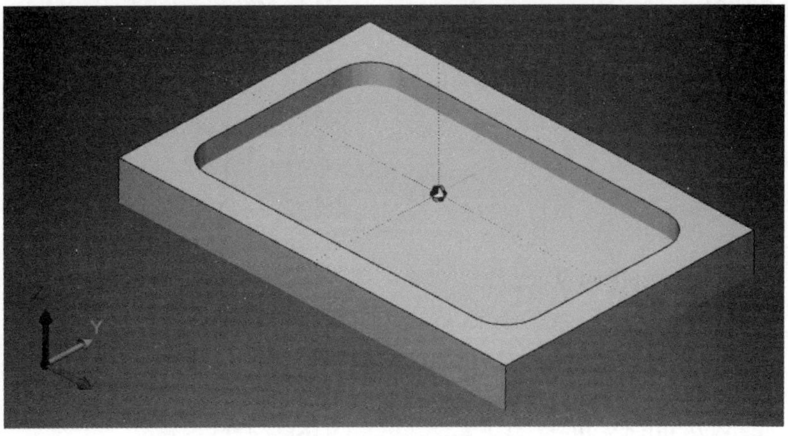

图 5-11　判断仿真结果

### （七）生成 G 代码

选择"平面区域粗加工-后置处理-生成 G 代码"，该零件生成的 G 代码如下：

```
%
O1200
N10 T1 M6
N12 G90 G54 G0 X-23.9 Y-1.9 S3000 M03
N14 G43 H1 Z100. M07
N16 Z8.
N18 G1 Z-2. F1000
N20 Y1.9 F2000
N22 X23.9
N24 Y-1.9
N26 X-23.9
N28 X-28.9 Y-6.9
N30 Y6.9
N32 X28.9
N34 Y-6.9
N36 X-28.9
N38 X-33.9 Y-11.9
N40 Y11.9
N42 X33.9
N44 Y-11.9
N46 X-33.9
N48 X-38.9 Y-16.9
N50 Y16.9
N52 X38.9
N54 Y-16.9
N56 X-38.9
N58 X-43.9 Y-21.9
N60 Y21.9
N62 X43.9
N64 Y-21.9
N66 X-43.9
N68 X-48.9 Y-22.
N70 Y22.
N72 G17 G2 X-44. Y26.9 I4.9 J0.
N74 G1 X44.
N76 G2 X48.9 Y22. I0. J-4.9
N78 G1 Y-22.
N80 G2 X44. Y-26.9 I-4.9 J0.
N82 G1 X-44.
N94 G1 Z-4. F1000
N96 Y1.9 F2000
N98 X23.9
N100 Y-1.9
N102 X-23.9
N104 X-28.9 Y-6.9
N106 Y6.9
N108 X28.9
N110 Y-6.9
N112 X-28.9
N114 X-33.9 Y-11.9
N116 Y11.9
N118 X33.9
N120 Y-11.9
N122 X-33.9
N124 X-38.9 Y-16.9
N126 Y16.9
N128 X38.9
N130 Y-16.9
N132 X-38.9
N134 X-43.9 Y-21.9
N136 Y21.9
N138 X43.9
N140 Y-21.9
N142 X-43.9
N144 X-48.9 Y-22.
N146 Y22.
N148 G2 X-44. Y26.9 I4.9 J0.
N150 G1 X44.
N152 G2 X48.9 Y22. I0. J-4.9
N154 G1 Y-22.
N156 G2 X44. Y-26.9 I-4.9 J0.
N158 G1 X-44.
N160 G2 X-48.9 Y-22. I0. J4.9
N162 G1 Z6.
N164 G0 Z100.
N166 X-23.9 Y-1.9
N168 Z4.
N170 G1 Z-6. F1000
```

```
N84 G2 X-48.9 Y-22. I0. J4.9
N86 G1 Z8.
N88 G0 Z100.
N90 X-23.9 Y-1.9
N92 Z6.
N182 Y6.9
N184 X28.9
N186 Y-6.9
N188 X-28.9
N190 X-33.9 Y-11.9
N192 Y11.9
N194 X33.9
N196 Y-11.9
N198 X-33.9
N200 X-38.9 Y-16.9
N202 Y16.9
N204 X38.9
N206 Y-16.9
N208 X-38.9
N210 X-43.9 Y-21.9
N212 Y21.9
N172 Y1.9 F2000
N174 X23.9
N176 Y-1.9
N178 X-23.9
N180 X-28.9 Y-6.9
N214 X43.9
N216 Y-21.9
N218 X-43.9
N220 X-48.9 Y-22.
N222 Y22.
N224 G2 X-44. Y26.9 I4.9 J0.
N226 G1 X44.
N228 G2 X48.9 Y22. I0. J-4.9
N230 G1 Y-22.
N232 G2 X44. Y-26.9 I-4.9 J0.
N234 G1 X-44.
N236 G2 X-48.9 Y-22. I0. J4.9
N238 G1 Z4.
N240 G0 Z100.
N242 M05
N244 M30
%
```

# 思考与练习

### 一、填空题

1. CAXA 数控车平面区域粗加工中的拐角过渡方式有__________和__________两种。

2. CAXA 数控车平面区域粗加工中的顶层高度指的是________________，底层高度指的是________________。

3. 在拉伸零件的时候要选择方向拉伸的原因是________________________。

4. 粗加工的切削速度一般为__________________，精加工的切削速度一般为________________。

5. 工件的坐标系一般设置在________________位置。

### 二、上机练习题

利用 CAXA 制造工程师软件，完成下列所示零件的自动编程，毛坯为 45 钢块料，并生成 G 代码。

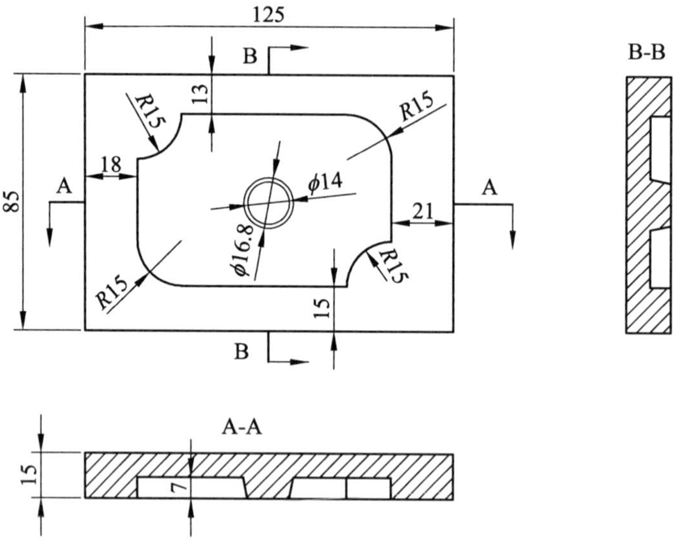
125
B
B-B
13
R15
R15
18
A
A
$\phi$14
85
21
$\phi$16.8
R15
R15
15
B
A-A
15
7

零件 1

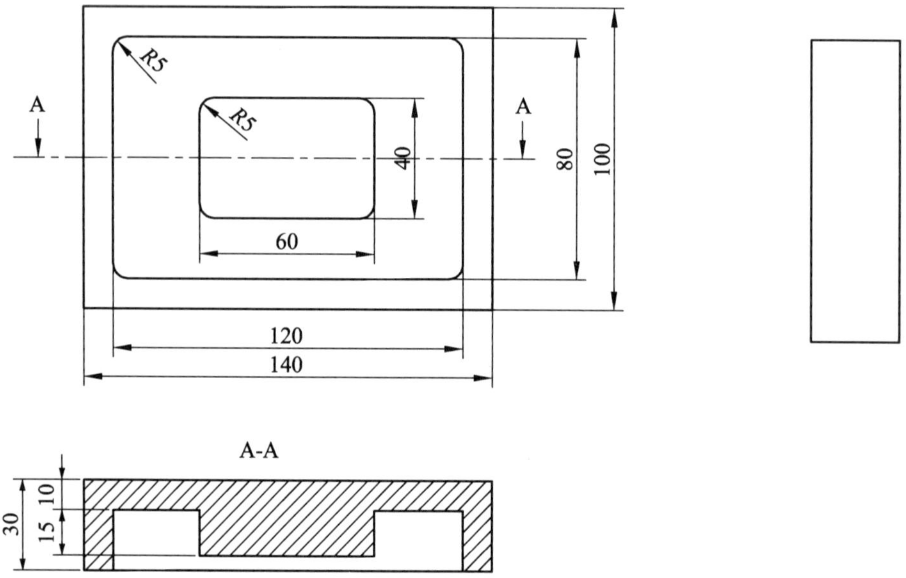
R5
A
A
R5
40
80
100
60
120
140
A-A
30
15
10

零件 2

# 第六章　简单轮廓铣削加工

## 一、任务布置

利用 CAXA 制造工程师软件，完成图 6-1 所示零件的自动编程，毛坯为 145 × 95 × 16 的 45 钢块料，并生成 G 代码。

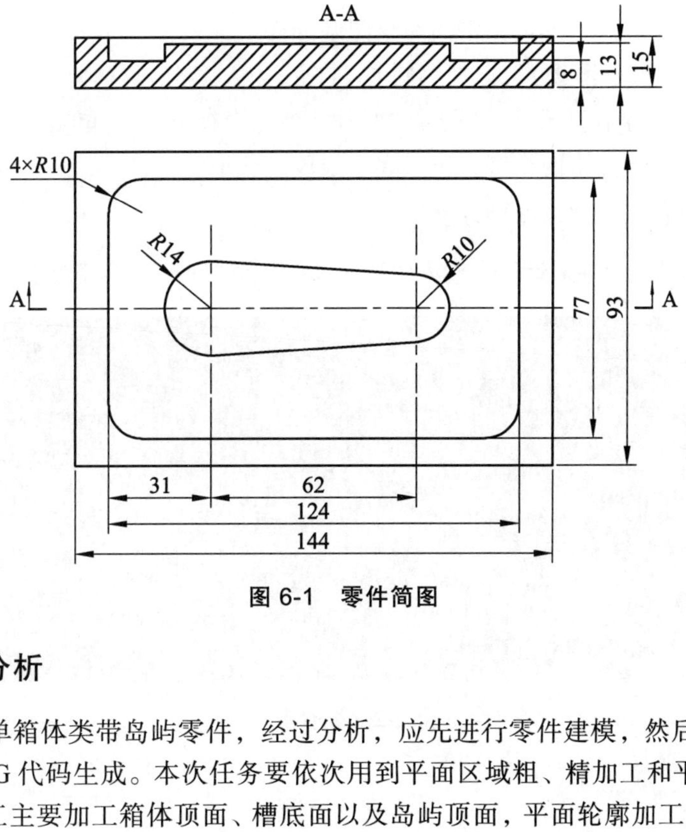


图 6-1　零件简图

## 二、任务分析

该零件为简单箱体类带岛屿零件，经过分析，应先进行零件建模，然后进行刀具轨迹生成、仿真验证和 G 代码生成。本次任务要依次用到平面区域粗、精加工和平面轮廓粗、精加工。平面区域加工主要加工箱体顶面、槽底面以及岛屿顶面，平面轮廓加工主要加工箱体内、外侧面以及岛屿外侧面。为了使 G 代码能够直接在实际机床上使用，零件建模后需要先建立工件坐标系，设立进退刀点。

## 三、任务实施

### （一）零件建模

（1）单击零件特征树的“平面 XY”，选定该平面为草图基准面。

（2）单击按钮，进入草图状态，单击按钮，作矩形，选择“中心_长_宽”模式：中心（0，0，0），长 145，宽 95。

（3）单击按钮，退出草图状态。

（4）单击按钮，在对话框中输入深度值 15，选择反向拉伸，单击“确定”。

（5）单击零件特征树的“平面 XY”，选定该平面为草图基准面。

（6）单击按钮，进入草图状态，单击按钮，作矩形，选择“中心_长_宽”模式：中心（0，0，0），长 124，宽 77，单击按钮，选择“圆弧过渡”，半径为 10，依次将矩形 4 个角进行过渡。

（7）单击按钮，退出草图状态。

（8）单击按钮，在对话框中输入深度值 7，取消反向拉伸，单击“确定”。

（9）单击零件槽底面，选定该平面为草图基准面。

（10）单击按钮。作圆 1，选择“圆心_半径”模式：圆心（-31，0，0），半径 $R$=14。作圆 2，选择“圆心_半径”模式：圆心（31，0，0），半径 $R$=10，单击按钮。作切线，选择“切点”方式，依次点击两个圆，再将多余线段剪裁掉。

（11）单击按钮，退出草图状态。

（12）单击按钮，在对话框中输入深度值 5，单击“确定”，得到零件模型如图 6-2 所示。

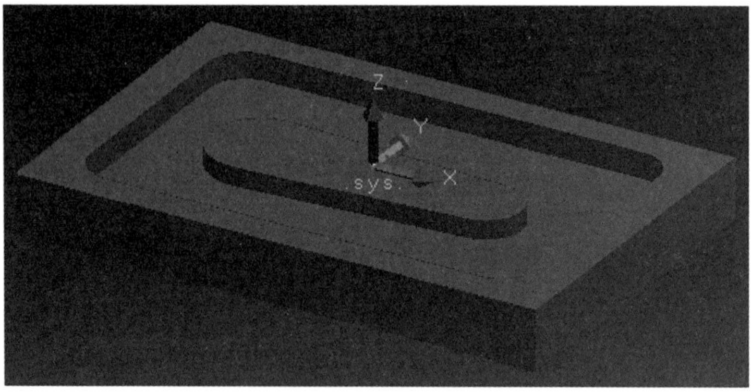


**图 6-2　零件模型**

### （二）工艺处理

#### 1. 建立工件坐标系

为了使 G 代码能够直接在实际机床上使用，需要建立工件坐标系，实际上在进行建模的时候采用反向拉伸已经将工件坐标系原点设立在工件顶面中心上了。

#### 2. 设定毛坯

选择“加工轨迹”栏，选择“毛坯”，进行自定义毛坯，参数如图 6-3 所示。

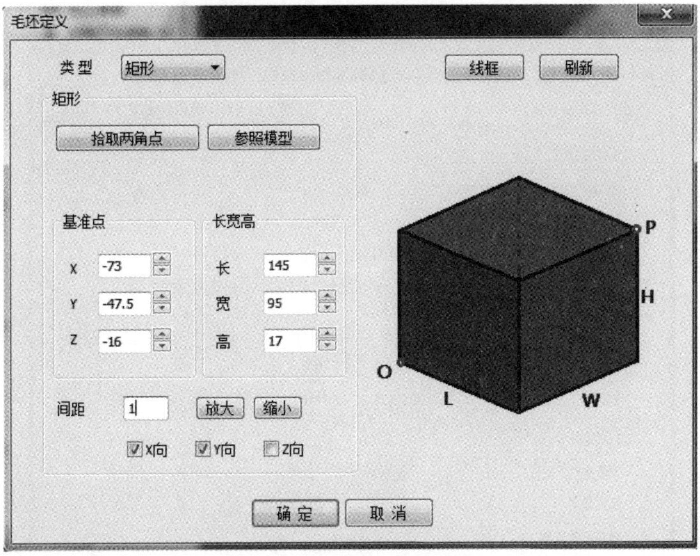


图 6-3　设置毛坯参数

### 3. 设定安全高度

在“加工参数”中进行设定，安全高度为 50。

## （三）制定加工工艺

（1）箱体顶面平面区域粗加工。

（2）箱体外侧面平面轮廓精加工。

（3）槽平面区域粗加工。

（4）岛屿顶面平面区域粗加工。

（5）箱体内侧面平面轮廓精加工。

（6）槽底面平面区域粗加工。

（7）岛屿外侧面平面轮廓精加工。

## （四）轨迹生成

### 1. 箱体顶面平面区域粗加工

单击 CAXA 制造工程师软件的“加工”菜单，并选择“平面区域粗加工”，系统弹出“平面区域粗加工”加工参数对话框，如图 6-4 所示，按要求分别填写加工参数、下刀方式和切削用量，如图 6-5、图 6-6 所示，然后拾取加工轮廓曲线，即毛坯顶面外轮廓，得到加工刀具轨迹如图 6-7 所示。

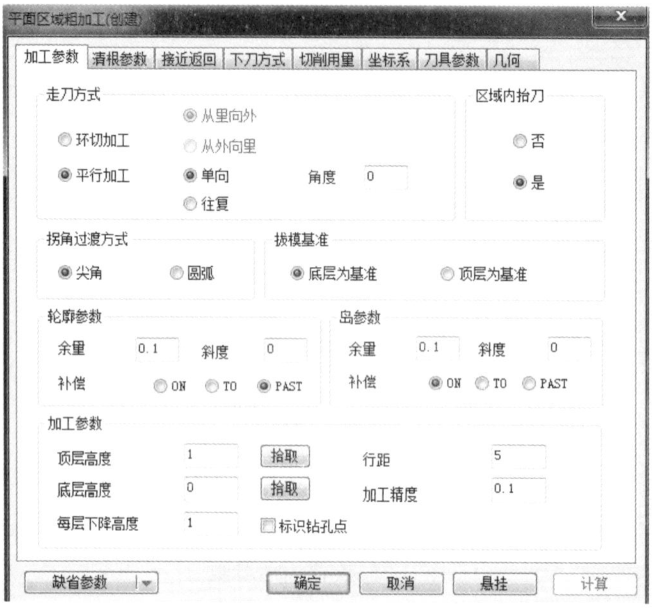


图 6-4　设置加工参数

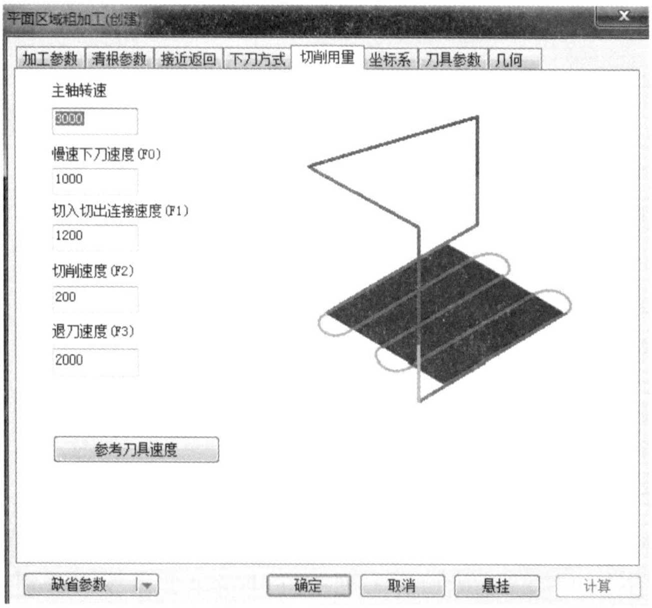


图 6-5　设置“切削用量”参数

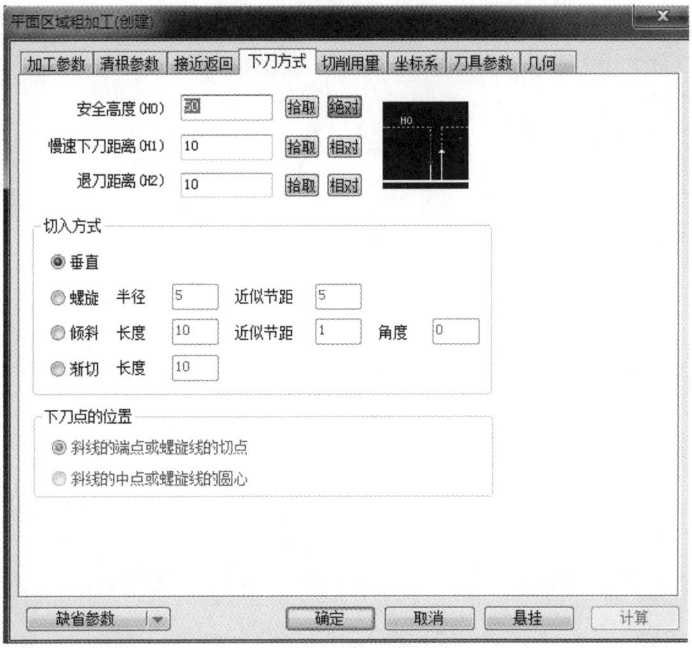


图 6-6　设置“下刀方式”参数

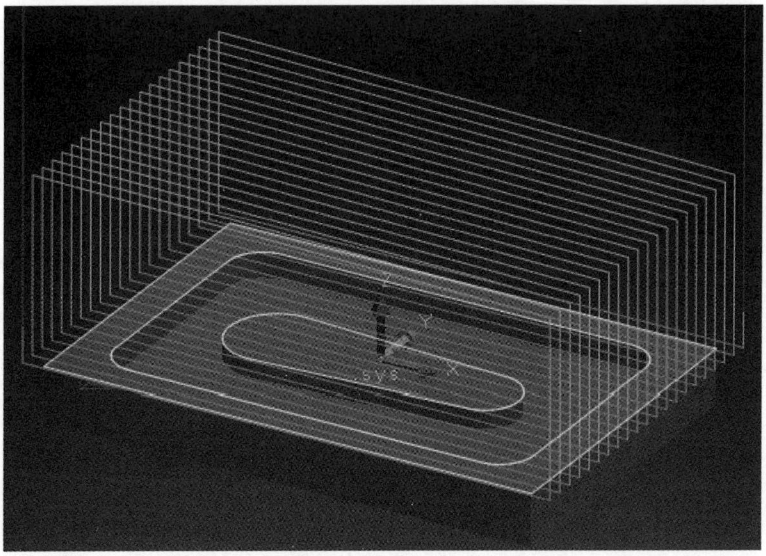

图 6-7　加工刀具轨迹

## 2. 箱体外侧面平面轮廓精加工

单击 CAXA 制造工程师软件的“加工”菜单，并选择“平面轮廓精加工”，系统弹出“平面轮廓精加工”加工参数对话框，如图 6-8 所示，按要求分别填写参数，除了加工参数外其他参数与上一步相同，加工参数如图所示，然后拾取加工轮廓曲线，也是毛坯顶面外轮廓，得到精加工刀具轨迹如图 6-9 所示。

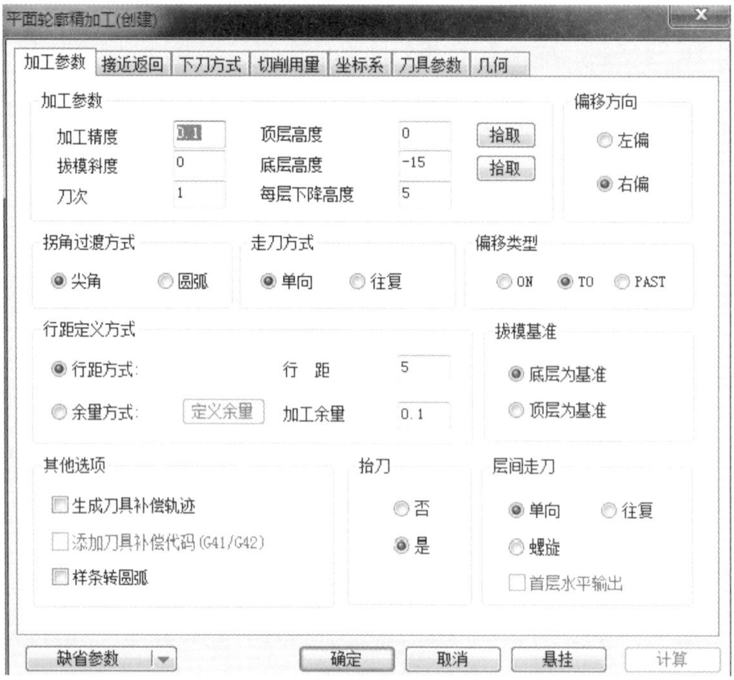


图 6-8　“平面轮廓精加工”对话框

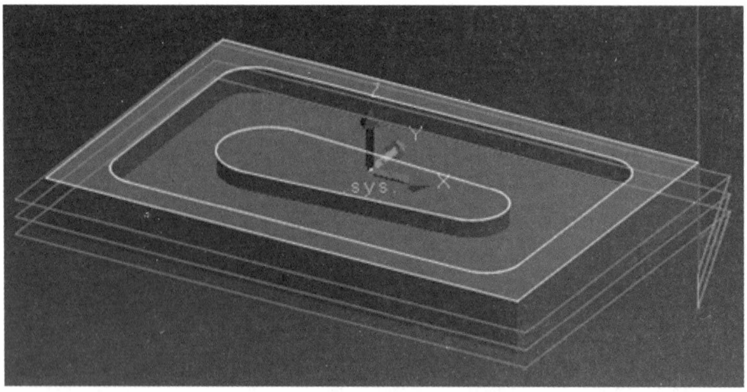


图 6-9　精加工刀具轨迹

得到的精加工和粗加工刀具轨迹有重合，不容易看清楚，可以通过“轨迹管理”进行查看，如图 6-10 所示，可以将粗加工刀具轨迹隐藏，只查看精加工刀具轨迹。

### 3. 槽平面区域粗加工

单击 CAXA 制造工程师软件的“加工”菜单，并选择“平面区域粗加工”，系统弹出“平面区域粗加工”加工参数对话框，如图 6-11 所示，设置加工参数如图所示，依次拾取加工轮廓曲线（槽内轮廓）和岛屿轮廓，注意加工方向为顺铣，得到加工刀具轨迹如图 6-12 所示。

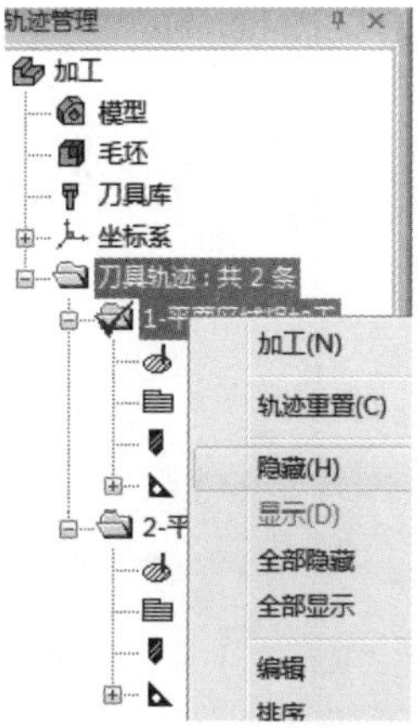


图 6-10　轨迹管理

图 6-11　“槽平面区域粗加工”参数设置

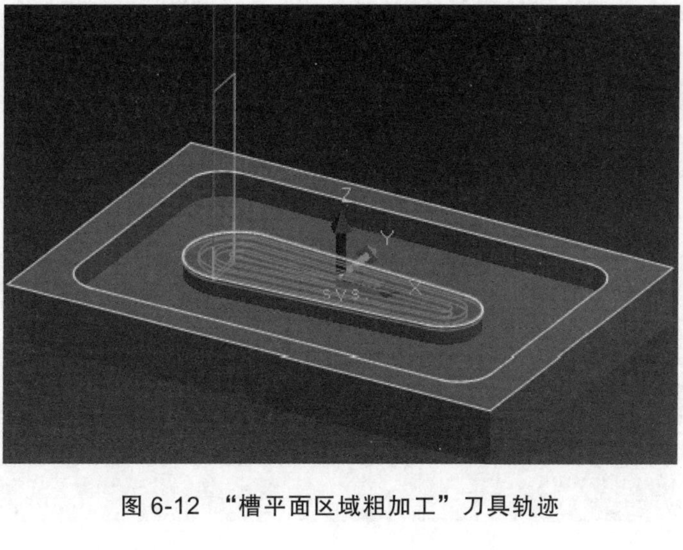

图 6-12　“槽平面区域粗加工”刀具轨迹

**4. 岛屿顶面平面区域粗加工**

单击 CAXA 制造工程师软件的“加工”菜单，并选择“平面区域粗加工”，系统弹出“平面区域粗加工”加工参数对话框，如图 6-13 所示，按要求分别填写加工参数、下刀方式和切削用量，加工参数如图所示，然后拾取加工轮廓曲线，即岛屿轮廓，得到加工刀具轨迹如图 6-14 所示。

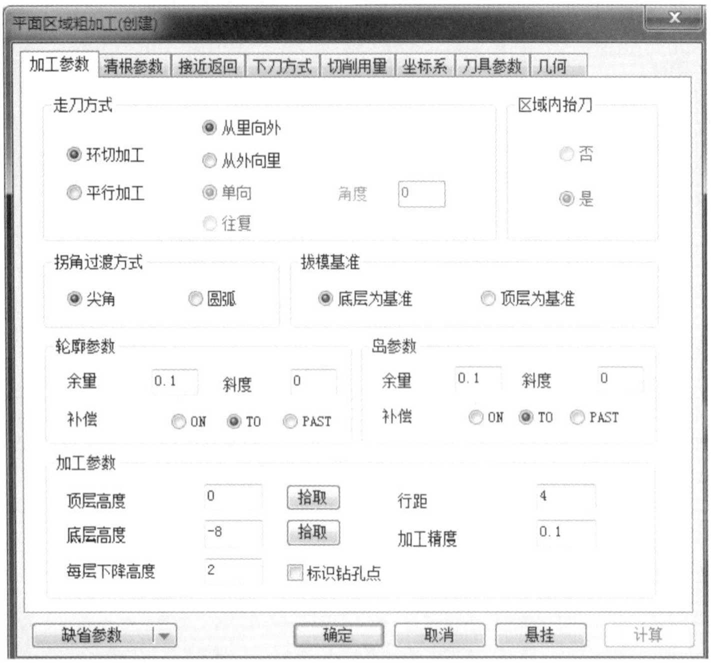


图 6-13　“岛屿顶面平面区域粗加工”参数设置

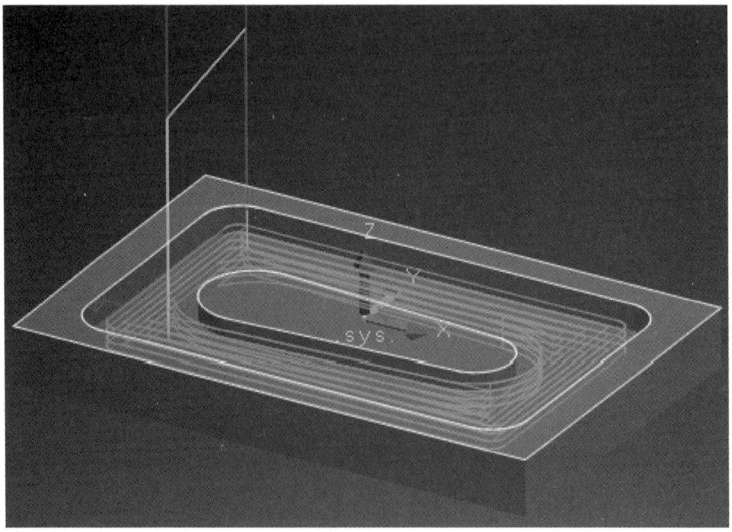


图 6-14　“岛屿顶面平面区域粗加工”刀具轨迹

**5. 箱体内侧面平面轮廓精加工**

单击 CAXA 制造工程师软件的“加工”菜单，并选择“平面轮廓精加工”，系统弹出“平面轮廓精加工”加工参数对话框，如图 6-15 所示，按要求分别填写参数，加工参数如图所示，然后拾取加工轮廓曲线，也是槽的内轮廓，注意进退刀点的位置和加工方向的选择，得到精加工刀具轨迹如图 6-16 所示。

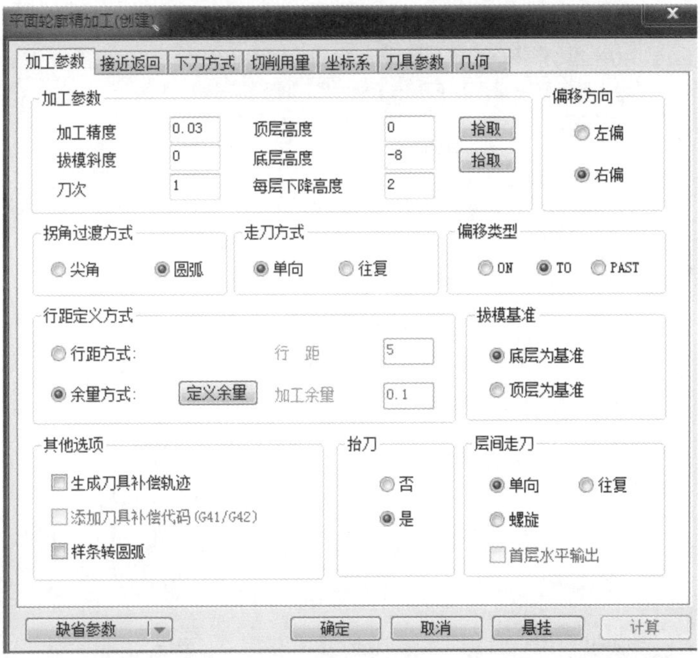


图 6-15 “箱体内侧面平面轮廓精加工”参数设置

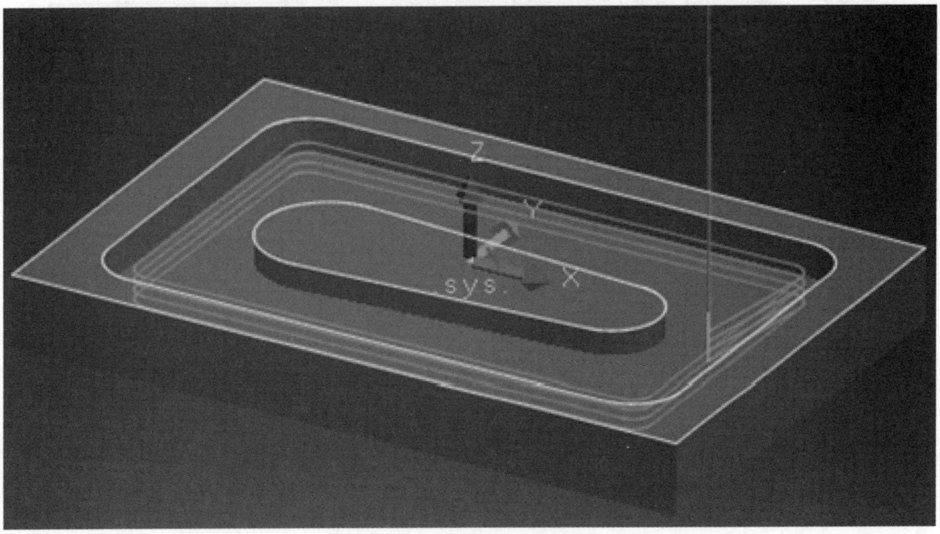


图 6-16 “箱体内侧面平面轮廓精加工”刀具轨迹

### 6. 槽底面平面区域粗加工

单击 CAXA 制造工程师软件的“加工”菜单，并选择“平面区域粗加工”，系统弹出“平面区域粗加工”加工参数对话框，如图 6-17 所示，按要求分别填写参数，然后依次拾取加工轮廓曲线（槽内轮廓）和岛屿轮廓，注意加工方向为顺铣，铣内轮廓和铣外轮廓选择的加工方向相反，得到加工刀具轨迹如图 6-18 所示。

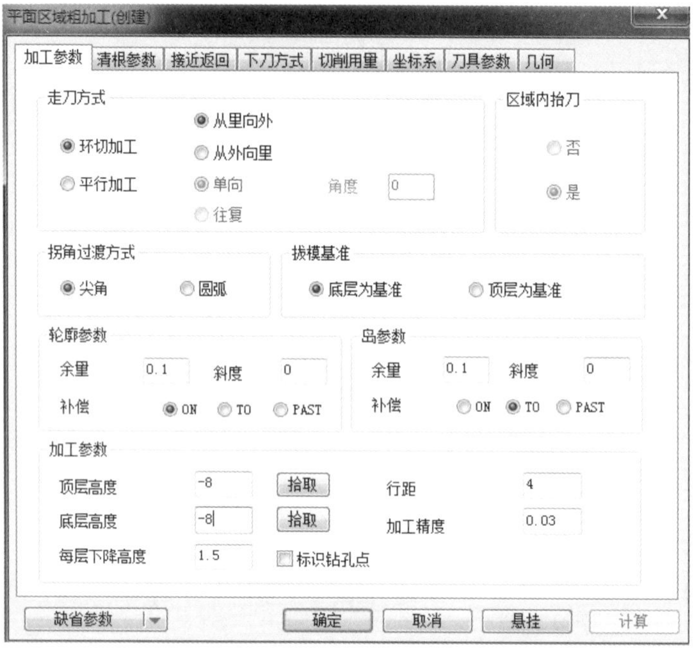


图 6-17　“槽底面平面区域粗加工”参数设置

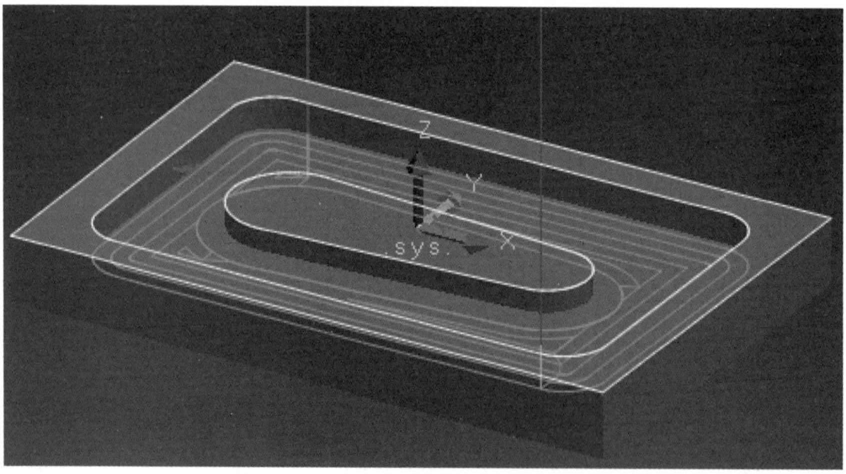


图 6-18　“槽底面平面区域粗加工”刀具轨迹

**7. 岛屿外侧面平面轮廓精加工**

单击 CAXA 制造工程师软件的“加工”菜单，并选择“平面轮廓精加工”，系统弹出“平面轮廓精加工”加工参数对话框，如图 6-19 所示，按要求分别填写参数，加工参数如图所示，然后拾取加工轮廓曲线，也是岛屿外轮廓，注意加工方向，得到精加工刀具轨迹如图 6-20 所示。

**8. 轨迹仿真**

将得到的刀具轨迹进行仿真验证。单击 CAXA 制造工程师软件的“加工”菜单，并选择“仿真”，选择“实体仿真”模式，依次点击加工轨迹进入仿真界面，得到仿真结果如图 6-21 所示。

图 6-19 “岛屿外侧面平面轮廓精加工”参数设置

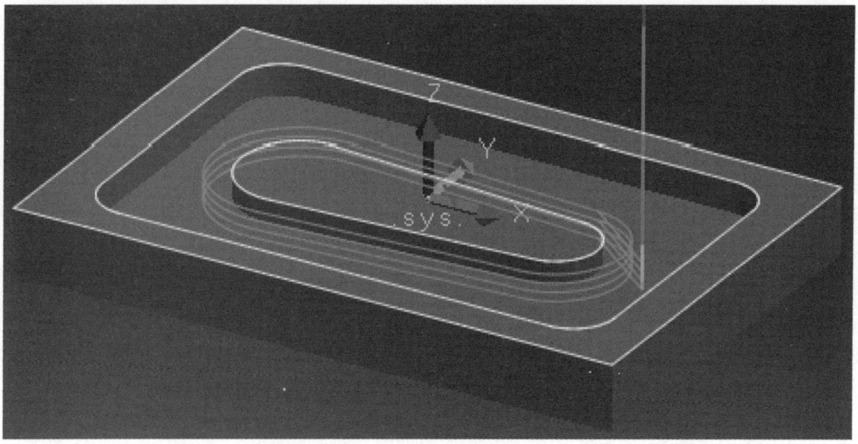


图 6-20 “岛屿外侧面平面轮廓精加工”刀具轨迹

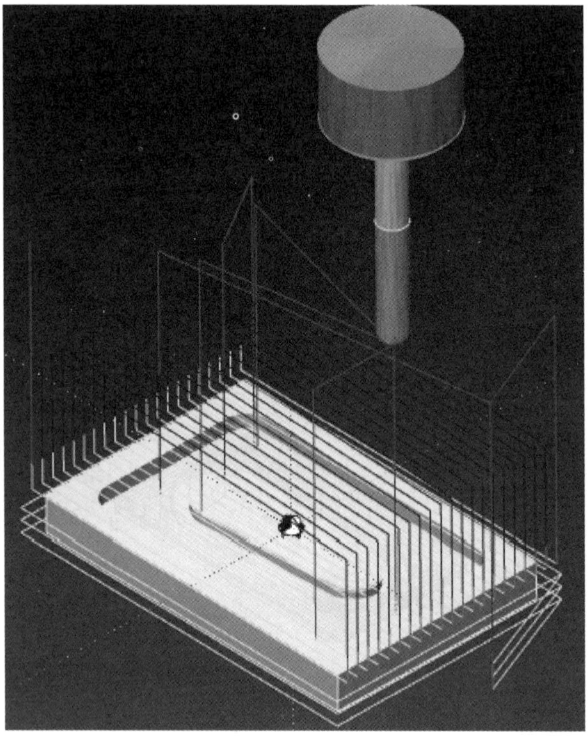

图 6-21　仿真结果

### 9. 后置处理

选择机床型号及程序代码存储地址。

### 10. G 代码生成

单击 CAXA 制造工程师软件的“加工”菜单，单击选择“G 代码生成”，选中保存地址和对应数控系统后，按照工序依次选择所有刀具轨迹，得到该零件加工代码。

```
O1200
N8 T0 M6
N10 G90 G54 G0 X-78.4 Y-48.4 S3000 M03
N12 G43 H0 Z100. M07
N14 Z10.
N16 G1 Z0. F1000
N18 X78.4 F200
N20 Z10. F2000
N22 G0 Z50.
N24 X-78.4 Y-43.4
N26 Z10.
N28 G1 Z0. F1000
N30 X78.4 F200
N32 Z10. F2000
N34 G0 Z50.
N36 X-78.4 Y-38.4
N38 Z10.
N40 G1 Z0. F1000
N42 X78.4 F200
N44 Z10. F2000
N46 G0 Z50.
N48 X-78.4 Y-33.4
N50 Z10.
N52 G1 Z0. F1000
N54 X78.4 F200
N56 Z10. F2000
N58 G0 Z50.
N60 X-78.4 Y-28.4
N62 Z10.
N64 G1 Z0. F1000
```

```
N66 X78.4 F200
N68 Z10. F2000
N70 G0 Z50.
N72 X-78.4 Y-23.4
N74 Z10.
N76 G1 Z0. F1000
N78 X78.4 F200
N80 Z10. F2000
N82 G0 Z50.
N84 X-78.4 Y-18.4
N86 Z10.
N88 G1 Z0. F1000
N90 X78.4 F200
N92 Z10. F2000
N94 G0 Z50.
N96 X-78.4 Y-13.4
N98 Z10.
N100 G1 Z0. F1000
N102 X78.4 F200
N104 Z10. F2000
N106 G0 Z50.
N108 X-78.4 Y-8.4
N110 Z10.
N112 G1 Z0. F1000
N114 X78.4 F200
N116 Z10. F2000
N118 G0 Z50.
N120 X-78.4 Y-3.4
N122 Z10.
N124 G1 Z0. F1000
N126 X78.4 F200
N128 Z10. F2000
N130 G0 Z50.
N132 X-78.4 Y1.6
N134 Z10.
N136 G1 Z0. F1000
N138 X78.4 F200
N140 Z10. F2000
N142 G0 Z50.
N144 X-78.4 Y6.6
N146 Z10.
N148 G1 Z0. F1000
N150 X78.4 F200
N152 Z10. F2000
N154 G0 Z50.
N156 X-78.4 Y11.6
N158 Z10.
N160 G1 Z0. F1000
N162 X78.4 F200
N164 Z10. F2000
N166 G0 Z50.
N168 X-78.4 Y16.6
N170 Z10.
N172 G1 Z0. F1000
N174 X78.4 F200
N176 Z10. F2000
N178 G0 Z50.
N180 X-78.4 Y21.6
N182 Z10.
N184 G1 Z0. F1000
N186 X78.4 F200
N188 Z10. F2000
N190 G0 Z50.
N192 X-78.4 Y26.6
N194 Z10.
N196 G1 Z0. F1000
N198 X78.4 F200
N200 Z10. F2000
N202 G0 Z50.
N204 X-78.4 Y31.6
N206 Z10.
N208 G1 Z0. F1000
N210 X78.4 F200
N212 Z10. F2000
N214 G0 Z50.
N216 X-78.4 Y36.6
N218 Z10.
N220 G1 Z0. F1000
N222 X78.4 F200
N224 Z10. F2000
N226 G0 Z50.
N228 X-78.4 Y41.6
N230 Z10.
N232 G1 Z0. F1000
N234 X78.4 F200
N236 Z10. F2000
N238 G0 Z50.
N240 X-78.4 Y46.6
N242 Z10.
N244 G1 Z0. F1000
N246 X78.4 F200
N248 Z10. F2000
N250 G0 Z50.
N252 X-78.4 Y51.6
```

```
N254 Z10.
N256 G1 Z0. F1000
N258 X78.4 F200
N260 Z10. F2000
N262 G0 Z100.
N264 M09
N266 M05
N268 T0 M6
N270 G90 G54 G0 X100. Y0. S3000 M03
N272 G43 H0 Z100. M07
N274 Z5.
N276 G1 Z-5. F1000
N278 X78.6 Y53.6 F200
N280 X-78.6
N282 Y-53.6
N284 X78.6
N286 Y53.6
N288 X100. Y0.
N290 Z5. F2000
N292 G0 Z50.
N294 Z0.
N296 G1 Z-10. F1000
N298 X78.6 Y53.6 F200
N300 X-78.6
N302 Y-53.6
N304 X78.6
N306 Y53.6
N308 X100. Y0.
N310 Z0. F2000
N312 G0 Z50.
N314 Z-5.
N316 G1 Z-15. F1000
N318 X78.6 Y53.6 F200
N320 X-78.6
N322 Y-53.6
N324 X78.6
N326 Y53.6
N328 X100. Y0.
N330 Z-5. F2000
N332 G0 Z100.
N334 M09
N336 M05
N338 T0 M6
N340 G90 G54 G0 X-43.832 Y-20.4 S3000 M03
N342 G43 H0 Z100. M07
N344 Z8.
N346 G1 Z-2. F1000
N348 X-43.9 F200
N350 Y-20.357
N352 G17 G3 X-43.832 Y-20.4 I12.9 J20.357
N354 G1 X-34.159 Y-19.85
N356 G3 X-29.703 Y-20.058 I3.159 J19.85
N358 G1 X29.24 Y-16.247
N360 X43.9 Y-15.414
N362 Y-20.4
N364 X27.009
N366 X32.297 Y-20.058
N368 G3 X43.9 Y-15.414 I-1.297 J20.058
N370 G1 X42.121 Y-11.642
N372 G3 X32.039 Y16.066 I-11.121 J11.642
N374 G1 X28.959 Y16.266
N376 X27.009 Y20.4
N378 X43.9
N380 Y15.414
N382 G3 X32.297 Y20.058 I-12.9 J-15.414
N384 G1 X27.009 Y20.4
N386 X-43.9
N388 X-43.832
N390 G3 X-43.9 Y20.357 I12.832 J-20.4
N392 G1 Y20.4
N394 X-47.9 Y24.4
N396 X47.9
N398 Y-24.4
N400 X-47.9
N402 Y-10.881
N404 G3 X-29.703 Y-20.058 I16.9 J10.881
N406 G1 X32.039 Y-16.066
N408 G3 Y16.066 I-1.039 J16.066
N410 G1 X-29.703 Y20.058
N412 G3 X-47.9 Y10.881 I-1.297 J-20.058
N414 G1 Y24.4
N416 X-51.9 Y28.4
N418 X51.9
N420 Y-28.4
N422 X-51.9
N424 Y28.4
N426 X-52. Y32.4
N428 X52.
N430 G2 X55.9 Y28.5 I0. J-3.9
N432 G1 Y-28.5
N434 G2 X52. Y-32.4 I-3.9 J0.
N436 G1 X-52.
N438 G2 X-55.9 Y-28.5 I0. J3.9
N440 G1 Y28.5
```

```
N442 G2 X-52. Y32.4 I3.9 J0.
N444 G1 Z8. F2000
N446 G0 Z50.
N448 X-43.832 Y-20.4
N450 Z6.
N452 G1 Z-4. F1000
N454 X-43.9 F200
N456 Y-20.357
N458 G3 X-43.832 Y-20.4 I12.9 J20.357
N460 G1 X-34.159 Y-19.85
N462 G3 X-29.703 Y-20.058 I3.159 J19.85
N464 G1 X29.24 Y-16.247
N466 X43.9 Y-15.414
N468 Y-20.4
N470 X27.009
N472 X32.297 Y-20.058
N474 G3 X43.9 Y-15.414 I-1.297 J20.058
N476 G1 X42.121 Y-11.642
N478 G3 X32.039 Y16.066 I-11.121 J11.642
N480 G1 X28.959 Y16.266
N482 X27.009 Y20.4
N484 X43.9
N486 Y15.414
N488 G3 X32.297 Y20.058 I-12.9 J-15.414
N490 G1 X27.009 Y20.4
N492 X-43.9
N494 X-43.832
N496 G3 X-43.9 Y20.357 I12.832 J-20.4
N498 G1 Y20.4
N500 X-47.9 Y24.4
N502 X47.9
N504 Y-24.4
N506 X-47.9
N508 Y-10.881
N510 G3 X-29.703 Y-20.058 I16.9 J10.881
N512 G1 X32.039 Y-16.066
N514 G3 Y16.066 I-1.039 J16.066
N516 G1 X-29.703 Y20.058
N518 G3 X-47.9 Y10.881 I-1.297 J-20.058
N520 G1 Y24.4
N522 X-51.9 Y28.4
N524 X51.9
N526 Y-28.4
N528 X-51.9
N530 Y28.4
N532 X-52. Y32.4
N534 X52.
N536 G2 X55.9 Y28.5 I0. J-3.9
N538 G1 Y-28.5
N540 G2 X52. Y-32.4 I-3.9 J0.
N542 G1 X-52.
N544 G2 X-55.9 Y-28.5 I0. J3.9
N546 G1 Y28.5
N548 G2 X-52. Y32.4 I3.9 J0.
N550 G1 Z6. F2000
N552 G0 Z50.
N554 X-43.832 Y-20.4
N556 Z4.
N558 G1 Z-6. F1000
N560 X-43.9 F200
N562 Y-20.357
N564 G3 X-43.832 Y-20.4 I12.9 J20.357
N566 G1 X-34.159 Y-19.85
N568 G3 X-29.703 Y-20.058 I3.159 J19.85
N570 G1 X29.24 Y-16.247
N572 X43.9 Y-15.414
N574 Y-20.4
N576 X27.009
N578 X32.297 Y-20.058
N580 G3 X43.9 Y-15.414 I-1.297 J20.058
N582 G1 X42.121 Y-11.642
N584 G3 X32.039 Y16.066 I-11.121 J11.642
N586 G1 X28.959 Y16.266
N588 X27.009 Y20.4
N590 X43.9
N592 Y15.414
N594 G3 X32.297 Y20.058 I-12.9 J-15.414
N596 G1 X27.009 Y20.4
N598 X-43.9
N600 X-43.832
N602 G3 X-43.9 Y20.357 I12.832 J-20.4
N604 G1 Y20.4
N606 X-47.9 Y24.4
N608 X47.9
N610 Y-24.4
N612 X-47.9
N614 Y-10.881
N616 G3 X-29.703 Y-20.058 I16.9 J10.881
N618 G1 X32.039 Y-16.066
N620 G3 Y16.066 I-1.039 J16.066
N622 G1 X-29.703 Y20.058
N624 G3 X-47.9 Y10.881 I-1.297 J-20.058
N626 G1 Y24.4
N628 X-51.9 Y28.4
```

```
N630 X51.9
N632 Y-28.4
N634 X-51.9
N636 Y28.4
N638 X-52. Y32.4
N640 X52.
N642 G2 X55.9 Y28.5 I0. J-3.9
N644 G1 Y-28.5
N646 G2 X52. Y-32.4 I-3.9 J0.
N648 G1 X-52.
N650 G2 X-55.9 Y-28.5 I0. J3.9
N652 G1 Y28.5
N654 G2 X-52. Y32.4 I3.9 J0.
N656 G1 Z4. F2000
N658 G0 Z50.
N660 X-43.832 Y-20.4
N662 Z2.
N664 G1 Z-8. F1000
N666 X-43.9 F200
N668 Y-20.357
N670 G3 X-43.832 Y-20.4 I12.9 J20.357
N672 G1 X-34.159 Y-19.85
N674 G3 X-29.703 Y-20.058 I3.159 J19.85
N676 G1 X29.24 Y-16.247
N678 X43.9 Y-15.414
N680 Y-20.4
N682 X27.009
N684 X32.297 Y-20.058
N686 G3 X43.9 Y-15.414 I-1.297 J20.058
N688 G1 X42.121 Y-11.642
N690 G3 X32.039 Y16.066 I-11.121 J11.642
N692 G1 X28.959 Y16.266
N694 X27.009 Y20.4
N696 X43.9
N698 Y15.414
N700 G3 X32.297 Y20.058 I-12.9 J-15.414
N702 G1 X27.009 Y20.4
N704 X-43.9
N706 X-43.832
N708 G3 X-43.9 Y20.357 I12.832 J-20.4
N710 G1 Y20.4
N712 X-47.9 Y24.4
N714 X47.9
N716 Y-24.4
N718 X-47.9
N720 Y-10.881
N722 G3 X-29.703 Y-20.058 I16.9 J10.881
N724 G1 X32.039 Y-16.066
N726 G3 Y16.066 I-1.039 J16.066
N728 G1 X-29.703 Y20.058
N730 G3 X-47.9 Y10.881 I-1.297 J-20.058
N732 G1 Y24.4
N734 X-51.9 Y28.4
N736 X51.9
N738 Y-28.4
N740 X-51.9
N742 Y28.4
N744 X-52. Y32.4
N746 X52.
N748 G2 X55.9 Y28.5 I0. J-3.9
N750 G1 Y-28.5
N752 G2 X52. Y-32.4 I-3.9 J0.
N754 G1 X-52.
N756 G2 X-55.9 Y-28.5 I0. J3.9
N758 G1 Y28.5
N760 G2 X-52. Y32.4 I3.9 J0.
N762 G1 Z2. F2000
N764 G0 Z100.
N766 M09
N768 M05
N770 T0 M6
N772 G90 G54 G0 X-30.877 Y-1.896 S3000 M03
N774 G43 H0 Z100. M07
N776 Z8.5
N778 G1 Z-1.5 F1000
N780 X-1.55 Y0. F200
N782 X-30.877 Y1.896
N784 G17 G3 Y-1.896 I-0.123 J-1.896
N786 G1 X-30.619 Y-5.888
N788 X31.123 Y-1.896
N790 G3 Y1.896 I-0.123 J1.896
N792 G1 X-30.619 Y5.888
N794 G3 Y-5.888 I-0.381 J-5.888
N796 G1 X-30.361 Y-9.879
N798 X31.381 Y-5.888
N800 G3 Y5.888 I-0.381 J5.888
N802 G1 X-30.361 Y9.879
N804 G3 Y-9.879 I-0.639 J-9.879
N806 G1 X-30.103 Y-13.871
N808 X31.639 Y-9.879
N810 G3 Y9.879 I-0.639 J9.879
N812 G1 X-30.103 Y13.871
N814 G3 Y-13.871 I-0.897 J-13.871
```

```
N816 G1 Z8.5 F2000
N818 G0 Z50.
N820 X-30.877 Y-1.896
N822 Z7.
N824 G1 Z-3. F1000
N826 X-1.55 Y0. F200
N828 X-30.877 Y1.896
N830 G3 Y-1.896 I-0.123 J-1.896
N832 G1 X-30.619 Y-5.888
N834 X31.123 Y-1.896
N836 G3 Y1.896 I-0.123 J1.896
N838 G1 X-30.619 Y5.888
N840 G3 Y-5.888 I-0.381 J-5.888
N842 G1 X-30.361 Y-9.879
N844 X31.381 Y-5.888
N846 G3 Y5.888 I-0.381 J5.888
N848 G1 X-30.361 Y9.879
N850 G3 Y-9.879 I-0.639 J-9.879
N852 G1 X-30.103 Y-13.871
N854 X31.639 Y-9.879
N856 G3 Y9.879 I-0.639 J9.879
N858 G1 X-30.103 Y13.871
N860 G3 Y-13.871 I-0.897 J-13.871
N862 G1 Z7. F2000
N864 G0 Z100.
N866 M09
N868 M05
N870 T0 M6
N872 G90 G54 G0 X52. Y0. S3000 M03
N874 G43 H0 Z100. M07
N876 Z8.
N878 G1 Z-2. F1000
N880 X56. Y28.5 F200
N882 Y-28.5
N884 G17 G2 X52. Y-32.5 I-4. J0.
N886 G1 X-52.
N888 G2 X-56. Y-28.5 I0. J4.
N890 G1 Y28.5
N892 G2 X-52. Y32.5 I4. J0.
N894 G1 X52.
N896 G2 X56. Y28.5 I0. J-4.
N898 G1 X52. Y0.
N900 Z8. F2000
N902 G0 Z50.
N904 Z6.
N906 G1 Z-4. F1000
N908 X56. Y28.5 F200
N910 Y-28.5
N912 G2 X52. Y-32.5 I-4. J0.
N914 G1 X-52.
N916 G2 X-56. Y-28.5 I0. J4.
N918 G1 Y28.5
N920 G2 X-52. Y32.5 I4. J0.
N922 G1 X52.
N924 G2 X56. Y28.5 I0. J-4.
N926 G1 X52. Y0.
N928 Z6. F2000
N930 G0 Z50.
N932 Z4.
N934 G1 Z-6. F1000
N936 X56. Y28.5 F200
N938 Y-28.5
N940 G2 X52. Y-32.5 I-4. J0.
N942 G1 X-52.
N944 G2 X-56. Y-28.5 I0. J4.
N946 G1 Y28.5
N948 G2 X-52. Y32.5 I4. J0.
N950 G1 X52.
N952 G2 X56. Y28.5 I0. J-4.
N954 G1 X52. Y0.
N956 Z4. F2000
N958 G0 Z50.
N960 Z2.
N962 G1 Z-8. F1000
N964 X56. Y28.5 F200
N966 Y-28.5
N968 G2 X52. Y-32.5 I-4. J0.
N970 G1 X-52.
N972 G2 X-56. Y-28.5 I0. J4.
N974 G1 Y28.5
N976 G2 X-52. Y32.5 I4. J0.
N978 G1 X52.
N980 G2 X56. Y28.5 I0. J-4.
N982 G1 X52. Y0.
N984 Z2. F2000
N986 G0 Z100.
N988 M09
N990 M05
N992 T0 M6
N994 G90 G54 G0 X-39.891 Y22.4 S3000 M03
N996 G43 H0 Z100. M07
N998 Z2.
N1000 G1 Z-8. F1000
N1002 G17 G3 X-45.9 Y18.942 I8.891 J-22.4
```

```
F200
N1004 G1 Y22.4
N1006 X-39.891
N1008 Y18.027
N1010 G3 Y-18.027 I8.891 J-18.027
N1012 G1 Y-22.4
N1014 X-45.9
N1016 Y-18.942
N1018 G3 X-39.891 Y-22.4 I14.9 J18.942
N1020 G1 X-33.893 Y-19.891
N1022 G3 X-29.703 Y-20.058 I2.893 J19.891
N1024 G1 X32.039 Y-16.066
N1026 G3 X41.924 Y11.827 I-1.039 J16.066
N1028 G1 X45.9 Y13.491
N1030 G3 X32.297 Y20.058 I-14.9 J-13.491
N1032 G1 X-3.927 Y22.4
N1034 X45.9
N1036 Y13.491
N1038 Y6.099
N1040 G2 Y-6.099 I-14.9 J-6.099
N1042 G1 Y-22.4
N1044 X-3.927
N1046 X32.297 Y-20.058
N1048 G3 X45.9 Y-13.491 I-1.297 J20.058
N1050 G1 Y-22.4
N1052 X49.9 Y-26.4
N1054 X-49.9
N1056 Y-6.841
N1058 G3 X-29.703 Y-20.058 I18.9 J6.841
N1060 G1 X32.039 Y-16.066
N1062 G3 Y16.066 I-1.039 J16.066
N1064 G1 X-29.703 Y20.058
N1066 G3 X-49.9 Y6.841 I-1.297 J-20.058
N1068 G1 Y26.4
N1070 X49.9
N1072 Y-26.4
N1074 X52. Y-30.4
N1076 X-52.
N1078 G2 X-53.9 Y-28.5 I0. J1.9
N1080 G1 Y28.5
N1082 G2 X-52. Y30.4 I1.9 J0.
N1084 G1 X52.
N1086 G2 X53.9 Y28.5 I0. J-1.9
N1088 G1 Y-28.5
N1090 G2 X52. Y-30.4 I-1.9 J0.
N1092 G1 Y-34.4
N1094 X-52.
N1096 G2 X-57.9 Y-28.5 I0. J5.9
N1098 G1 Y28.5
N1100 G2 X-52. Y34.4 I5.9 J0.
N1102 G1 X52.
N1104 G2 X57.9 Y28.5 I0. J-5.9
N1106 G1 Y-28.5
N1108 G2 X52. Y-34.4 I-5.9 J0.
N1110 G1 Y-38.4
N1112 X-52.
N1114 G2 X-61.9 Y-28.5 I0. J9.9
N1116 G1 Y28.5
N1118 G2 X-52. Y38.4 I9.9 J0.
N1120 G1 X52.
N1122 G2 X61.9 Y28.5 I0. J-9.9
N1124 G1 Y-28.5
N1126 G2 X52. Y-38.4 I-9.9 J0.
N1128 G1 Z2. F2000
N1130 G0 Z100.
N1132 M09
N1134 M05
N1136 T0 M6
N1138 G90 G54 G0 X52. Y0. S3000 M03
N1140 G43 H0 Z100. M07
N1142 Z8.
N1144 G1 Z-2. F1000
N1146 X32.032 Y15.967 F200
N1148 G17 G2 Y-15.967 I-1.032 J-15.967
N1150 G1 X-29.71 Y-19.958
N1152 G2 Y19.958 I-1.29 J19.958
N1154 G1 X32.032 Y15.967
N1156 X52. Y0.
N1158 Z8. F2000
N1160 G0 Z50.
N1162 Z6.
N1164 G1 Z-4. F1000
N1166 X32.032 Y15.967 F200
N1168 G2 Y-15.967 I-1.032 J-15.967
N1170 G1 X-29.71 Y-19.958
N1172 G2 Y19.958 I-1.29 J19.958
N1174 G1 X32.032 Y15.967
N1176 X52. Y0.
N1178 Z6. F2000
N1180 G0 Z50.
N1182 Z4.
N1184 G1 Z-6. F1000
N1186 X32.032 Y15.967 F200
N1188 G2 Y-15.967 I-1.032 J-15.967
```

```
N1190 G1 X-29.71 Y-19.958
N1192 G2 Y19.958 I-1.29 J19.958
N1194 G1 X32.032 Y15.967
N1196 X52. Y0.
N1198 Z4. F2000
N1200 G0 Z50.
N1202 Z2.
N1204 G1 Z-8. F1000
N1206 X32.032 Y15.967 F200
N1208 G2 Y-15.967 I-1.032 J-15.967
N1210 G1 X-29.71 Y-19.958
N1212 G2 Y19.958 I-1.29 J19.958
N1214 G1 X32.032 Y15.967
N1216 X52. Y0.
N1218 Z2. F2000
N1220 G0 Z100.
N1222 M09
N1224 M05
N1226 M30
```

# 思考与练习

完成以下零件实体造型并选用适当的加工方法得出加工程序代码。

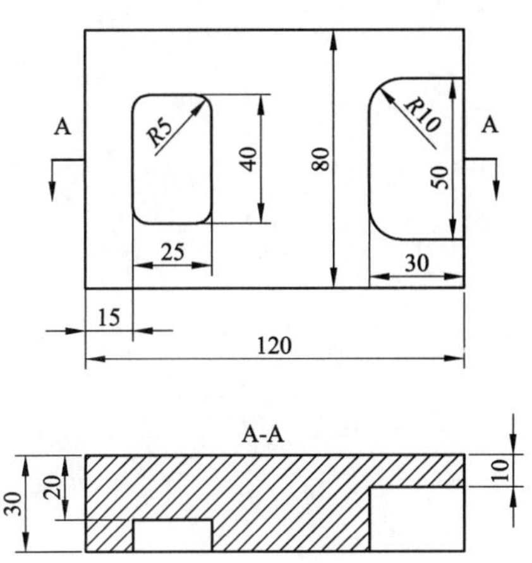


零件一

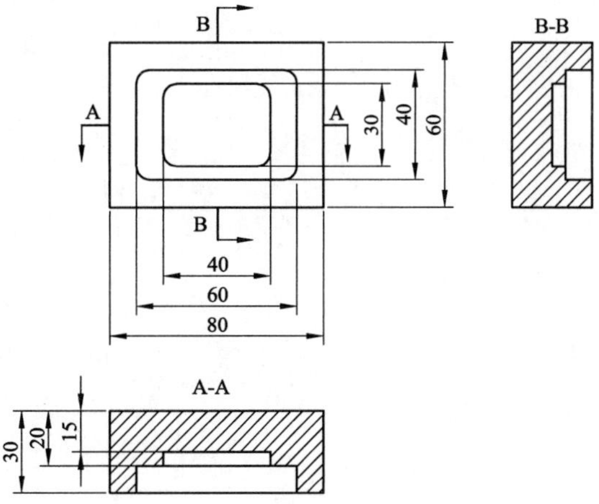


零件二

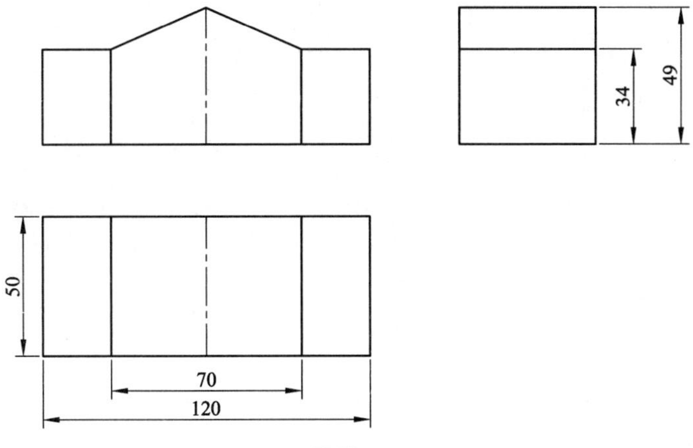


零件三

# 参考文献


[ 1 ]　刘玉春. CAXA 制造工程师 2016 项目案例教程[M]. 北京：化学工业出版社，2019.

[ 2 ]　赵莹，王江. CAXA 制造工程师 2016 应用教程[M]. 北京：电子工业出版社，2021.

[ 3 ]　吴天林. 数控铣床加工中心加工工艺与编程[M]. 北京：机械工业出版社，2014.